高分子与生活

GAOFENZIYUSHENGHUO

陈金伟 / 吴丽旋 / 孔 萍 / 林嘉定 主编

王玫瑰 主审

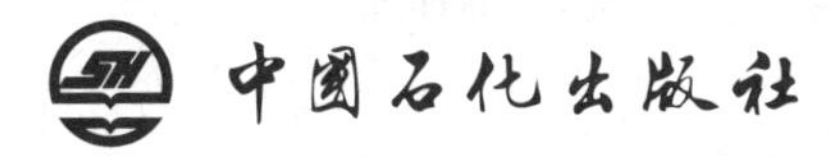

中国石化出版社

内容提要

本书共分为七讲，用通俗浅显的语言对高分子材料在生活中的衣食住行等方面的应用进行了介绍。第一讲概述高分子材料的定义、分类及用途；第二讲介绍高分子材料在衣着方面的应用；第三讲介绍高分子材料在食品包装中的应用；第四讲介绍高分子材料在建筑方面的应用；第五讲介绍高分子材料在交通运输中的应用；第六讲介绍高分子材料在医学中的应用；第七讲介绍高分子材料在艺术、文物中的应用。本书亦同步在职业教育高分子材料智能制造技术专业教学资源库中开设了同名在线网络课程。

本书可作为大中专院校高分子类专业基础课程的教材，亦可供社会大众作为科普读物使用。

图书在版编目（CIP）数据

高分子与生活 / 陈金伟等主编. — 北京：中国石化出版社，2022.4
ISBN 978-7-5114-6542-9

Ⅰ. ①高… Ⅱ. ①陈… Ⅲ. ①高分子材料－应用 Ⅳ. ①TB324

中国版本图书馆CIP数据核字（2022）第045139号

中国石化出版社出版发行
地址：北京市东城区安定门外大街58号
邮编：100011 电话：(010)57512500
发行部电话：(010)57512575
http://www.sinopec-press.com
E-mail：press@sinopec.com
北京力信诚印刷有限公司印刷
全国各地新华书店经销
*
710×1000毫米 16开本 12.5印张 156千字
2022年4月第1版 2022年4月第1次印刷
定价：48.00元

高分子材料也被称为聚合物材料，是以高分子化合物为基体，再配有其他添加剂（助剂）所构成的材料。高分子材料一直大量使用在我们的生活和工作中，可以说我们是被高分子材料所包围的。这个无处不在、功能强大、生活中无法离开的材料，却常常因为不被人了解而被当成是有毒有害的材料，所以编撰一本适合更多人员阅读、学习的高分子材料科普性教材显得尤为迫切而重要，可以说本书的编写即是一次让社会大众较为全面认识高分子材料在生活中应用的努力尝试。

本书用通俗浅显的语言对高分子材料在生活中的衣食住行等方面的应用进行了介绍描述。本书共分为七讲，第一讲总体概述高分子材料的定义、分类及用途；第二讲介绍高分子材料在衣着方面的应用；第三讲介绍高分子材料在食品包装中的应用；第四讲介绍高分子材料在建筑方面的应用；第五讲介绍高分子材料在交通运输中的应用；第六讲介绍高分子材料在医学中的应用；第七讲介绍高分子材料在艺术、文物中的应用。亦同步在职业教育高分子材料智能制造技术专业教学资源库中开设了同名在线网络课程。

本书在编写过程中得到了广东轻工职业技术学院高分子材料智能制造技术专业团队以及职业教育高分子材料智能制造技术专业教学资源库项目建设应用团队的大力支持。其中第一讲、第七讲由广东轻工职业技术学院陈金伟编写，第二讲、第三讲由该校吴丽旋编写，第四讲、第五讲由该校孔萍编写，第六讲由该校林嘉定编写。全书由陈金伟进行统稿，由王玫瑰教授担任主审。

本书在编写过程中参考了职业教育高分子材料智能制造技术专业教学资源库较多资源，特此对资源的制作者表示诚挚感谢。佛山海尔电冰柜有限公司、海尔华南大区创客中心、广州维力医疗器械股份有限公司、广州研华机械技术有限公司、佛山珀力玛高新材料有限公司、广州埃尔里德自动化科技有限公司等合作企业提供了宝贵的参考资料，编者所在学校广东轻工职业技术学院及所在部门轻化工技术学院对本书的出版均给予了大力支持，没有一一列示，在此表示诚挚感谢。书中参考了一些网络资源，因作者不详，在此一并表示诚挚感谢。

本书可作为高等院校高分子类专业基础课程的选用教材，亦可以作为非高分子材料专业选修课程教材或课外辅导读物，也可供社会人员作为科普读物使用。

因编者首次编写跨专业科普性教材，疏漏在所难免，敬请读者批评指正，不胜感激。

编者

目　录 CONTENTS

第一讲　高分子是什么

在日常生活中，我们所说的“高分子”其实就是“高分子材料”的简称。那么什么是高分子材料呢？高分子材料亦称为高分子聚合物材料（简称“高聚物”，Macromolecular Material）或者聚合物材料（Polymer Material），是指以高分子化合物为基体，再配有其他添加剂（助剂）所构成的材料。相对于传统材料如玻璃、陶瓷、水泥、金属而言，高分子材料是后起材料，但其发展速度及应用广泛性却大大超越了传统材料，目前它已成为工业、农业、国防和科技等领域的重要材料，高分子材料家族业已广泛渗透于人类生活与工作的各个方面，在人类社会活动中发挥着巨大作用。那么是什么神奇的力量让高分子材料包围了我们的生活呢？接下来就让我们一起来探索高分子材料家族强大的秘密吧。

1.1　特征

高分子材料一是分子量大（一般分子量在 10000 以上），二是分子量分布具有多分散性，即高分子化合物与小分子不同，它在聚合过程后变成了不同分子量大小的许多高聚物的混合物。我们所说的某一高分子的分子量其实都是它的一种平均的分子量，当然计算平均分子量也以不同的权重方式分为了数均分子量、黏均分子量、重均分子量等。而小分子物质的分子量固定，都由确定分子量大小的分子组成。这是高分子聚合物与小分子物质的一个显著区别。高分子链示意图如图 1-1 所示。

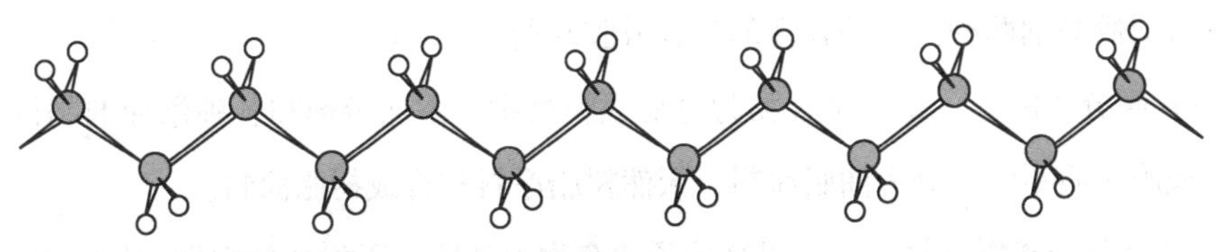

图 1-1　高分子链示意图

1.2 分类

1.2.1 按来源分类

高分子材料按来源分为天然高分子材料和合成高分子材料。天然高分子材料是存在于动物、植物及生物体内的高分子物质，可分为天然纤维、天然树脂、天然橡胶、动物胶等。合成高分子材料主要是指塑料、合成橡胶和合成纤维三大合成材料，此外还包括胶黏剂、涂料以及各种功能性高分子材料。合成高分子材料具有天然高分子材料所没有的或较为优越的性能——较小的密度、较高的力学性能、耐磨性、耐腐蚀性、电绝缘性等。

1.2.2 按特性分类

高分子材料按特性分为橡胶、纤维、塑料、高分子胶黏剂、高分子涂料和高分子基复合材料等。

① 橡胶。是一类线型柔性高分子聚合物。其分子链间次价力小，分子链柔性好，在外力作用下可产生较大形变，除去外力后能迅速恢复原状。有天然橡胶和合成橡胶两种。

② 纤维。分为天然纤维和化学纤维。前者指蚕丝、棉、麻、毛等。后者是以天然高分子或合成高分子为原料，经过纺丝和后处理制得。纤维的次价力大、形变能力小、模量高，一般为结晶聚合物。

③ 塑料。是以合成树脂或化学改性的天然高分子为主要成分，再加入填料、增塑剂和其他添加剂制得。其分子间次价力、模量和形变量等介于橡胶和纤维之间。通常按合成树脂的特性分为热固性塑料和热塑性塑料；按用途又分为通用塑料和工程塑料。

④ 高分子胶黏剂。是以合成天然高分子化合物为主体制成的胶黏材料。分为天然和合成胶黏剂两种。应用较多的是合成胶黏剂。

⑤ 高分子涂料。是以聚合物为主要成膜物质，添加溶剂和各种添加剂制得的。根据成膜物质不同，分为油脂涂料、天然树脂涂料和合成树脂涂料。

⑥ 高分子基复合材料。是以高分子化合物为基体，添加各种增强材料制得的一种复合材料。它综合了原有材料的性能特点，并可根据需要进行材料设计。高分子

复合材料也称为高分子改性材料，改性分为分子改性和共混改性。

⑦ 功能高分子材料。功能高分子材料除具有聚合物的一般力学性能、绝缘性能和热性能外，还具有物质、能量和信息的转换、磁性、传递和储存等特殊功能。已使用的有高分子信息转换材料、高分子透明材料、高分子模拟酶、生物降解高分子材料、高分子形状记忆材料和医用、药用高分子材料等。

高聚物根据其机械性能和使用状态可分为上述几类。但是各类高聚物之间并无严格的界限，同一高聚物，采用不同的合成方法和成型工艺，可以制成塑料，也可制成纤维，比如尼龙就是如此。而聚氨酯一类的高聚物，在室温下既有玻璃态性质，又有很好的弹性，所以很难说它是橡胶还是塑料。

1.2.3　按应用功能分类

按照材料应用功能分类，高分子材料分为通用高分子材料、特种高分子材料和功能高分子材料三大类。通用高分子材料指能够大规模工业化生产，已普遍应用于建筑、交通运输、农业、电气电子工业等国民经济主要领域和人们日常生活的高分子材料。这其中又分为塑料、橡胶、纤维、黏合剂、涂料等不同类型。特种高分子材料主要是一类具有优良机械强度和耐热性能的高分子材料，如聚碳酸酯、聚酰亚胺等材料，已广泛应用于工程材料上。功能高分子材料是指具有特定的功能作用，可作为功能材料使用的高分子化合物，包括功能性分离膜、导电材料、医用高分子材料、液晶高分子材料等。

1.2.4　按高分子主链结构分类

① 碳链高分子。分子主链由 C 原子组成，如：PP、PE、PVC。

② 杂链高聚物。分子主链由 C、O、N、P 等原子构成。如：聚酰胺、聚酯、硅油。

③ 有机高聚物。主链是由 C、H、O、N 等元素组成的巨大分子量材料，可以是天然产物，如纤维、蛋白质和天然橡胶等，也可以是用合成方法制得的，如合成树脂、合成纤维等非生物高聚物等。

④ 无机高聚物。主链是由非碳原子（N、P、O、S 等杂原子）组成的大分子物质，原子间主要以共价键相结合，形成与有机聚合物中的碳链相类似的杂原子主链。如：聚硅烷、聚卤代硅烷、聚氯代磷腈等。

⑤其他分类。按高分子主链几何形状分类：线型高聚物、支链型高聚物、体型高聚物；按高分子微观排列情况分类：结晶高聚物、半晶高聚物、非晶高聚物。

1.3 高分子家族

按照高分子材料的特性，通常将高分子材料分为塑料、橡胶、纤维、涂料及黏合剂五类，并将这五类高分子材料统称为"高分子材料家族"，典型代表如图 1–2 所示。

图 1–2 高分子材料家族典型代表（左图：塑料；中图：纤维；右图：橡胶）

1.3.1 塑料

塑料是指以聚合物为主要成分，在一定条件（温度、压力等）下可塑成一定形状并且在常温下保持其形状不变的材料。塑料根据加热后的情况又可分为热塑性塑料和热固性塑料。

加热后软化形成高分子熔体的塑料称为热塑性塑料。主要的热塑性塑料有聚乙烯、聚丙烯、聚苯乙烯、聚甲基丙烯酸甲酯、聚氯乙烯、尼龙、聚碳酸酯、聚氨酯、聚四氟乙烯、聚对苯二甲酸乙二醇酯等。加热后固化，形成交联的不熔结构的塑料称为热固性塑料。常见的热固性塑料有环氧树脂、酚醛塑料、聚酰亚胺、三聚氰胺、甲醛树脂等。塑料的加工方法包括注射、挤出、模压、热压、吹塑，等等。塑料是高分子材料中应用最为广泛的种类之一，生活中常用于矿泉水瓶、水杯、水桶、牙刷、塑料桌椅、电线绝缘外皮、食品包装膜等，如图 1–3 所示。

1.3.2 橡胶

橡胶又可以分为天然橡胶和合成橡胶。天然橡胶的主要成分是聚异戊二烯。合

图 1-3　典型塑料制品——杯子及塑料保鲜盒

成橡胶的主要品种有丁基橡胶、顺丁橡胶、氯丁橡胶、三元乙丙橡胶、丙烯酸酯橡胶、聚氨酯橡胶、硅橡胶、氟橡胶，等等。日常生活中的各类车辆轮胎主要由橡胶材料制成，如图 1-4 所示。

图 1-4　典型橡胶制品——轮胎

1.3.3　纤维

纤维是高分子材料的另外一个重要应用。常见的合成纤维包括尼龙（锦纶）、涤纶（聚酯纤维）、腈纶、氨纶、芳纶、丙纶纤维等。生活中的各类服装主要由纤维材料制成，如图 1-5 所示。

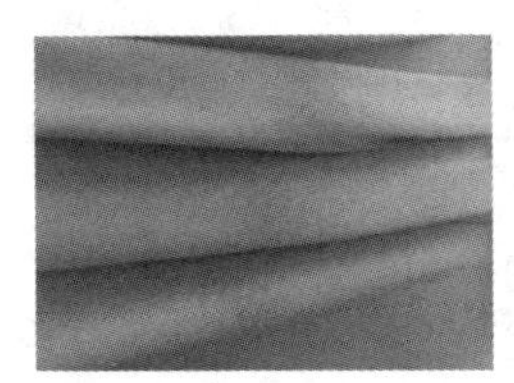
（a）锦纶

（b）涤纶

（c）腈纶

（d）氨纶

图 1-5　典型纤维制品——布料：服装面料四大“纶”

1.3.4　涂料

涂料是涂附在工业或日用产品表面起美观或者保护作用的一种高分子材料，常用的工业涂料有环氧树脂、聚氨酯等，如图 1-6 所示。涂料在生活中主要用于各类室内外建筑装饰、防水防漏等。

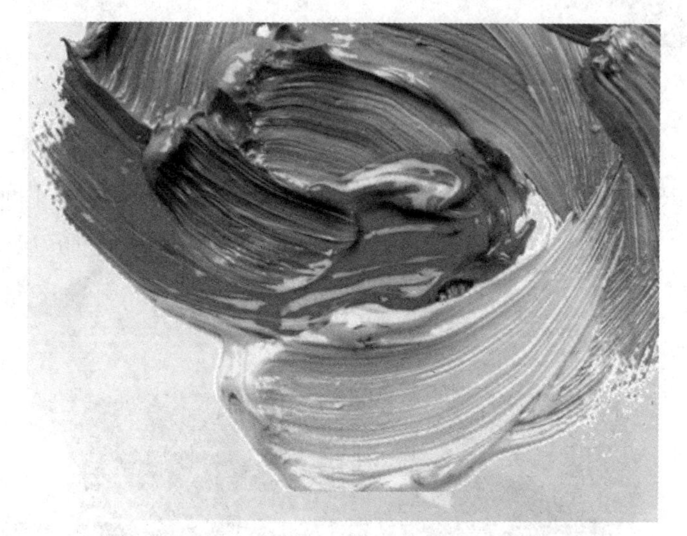

图 1-6　典型涂料制品——让生活充满色彩的墙面漆

1.3.5　黏合剂

黏合剂是另外一类重要的高分子材料。人类在很久以前就开始使用淀粉、树胶等天然高分子材料作为黏合剂。现代黏合剂通过其使用方式可以分为聚合型，如环氧树脂；热融型，如尼龙，聚乙烯；加压型，如天然橡胶；水溶型，如淀粉。生活中使用的各类胶水均属于黏合剂。

附 1　扫一扫·发现更多精彩

（1）微电影《它在》：它一直都在，却让你感觉不到存在

（2）院士告诉你高分子是什么

（3）关注以下“高分子专业资源库”微信公众号，获取更多高分子材料知识的点点滴滴

附 2　参考文献

［1］百度百科：高分子材料［N/OL］. https://baike.baidu.com/item/ 高分子材料

［2］高军刚，李源勋. 高分子材料［M］. 北京：化学工业出版社，2002.

［3］周冀. 高分子材料基础［M］. 北京：国防工业出版社，2007.

［4］陈平，廖明义. 高分子合成材料学（上）［M］. 北京：化学工业出版社，2005.

［5］张留成，瞿雄伟，于会利. 高分子材料基础［M］. 北京：化学工业出版社，2002.

［6］曹民干，赵张勇，张亦弛，等. 高分子磁性材料的研究近况［J］. 工程塑料应用，2005，33（7）：64-66.

第二讲　高分子与“衣”

从原始人类用来御寒的树叶兽皮到今天绚丽的时装，离不开服装面料的不断变革与发展，服装面料有哪些？它们有什么特点？跟高分子有什么关系？

2.1　你穿的衣服到底是什么？

衣服在当今已经成为不可或缺的东西，在中国人常说的“衣食住行”中排在首位。衣服可以为我们挡风遮雨、抵御寒冷和遮挡烈日……每个人每天都要穿衣，站在大街上，行人们穿着各异，五光十色。衣橱里每件衣服的面料种类繁多：纯棉、亚麻、真丝、氨纶、锦纶、竹纤维、莫代尔……这些面料可分为两大类：天然纤维、化学纤维。纤维是指具有一定长度和柔性的长条状物质，其长径比一般要大于1000。用作纺织材料的纤维还应当具有一定的强度、韧性和尺寸稳定性，是高分子材料之一。服装面料的分类见表2–1。

表2–1　服装面料的分类

<table>
<tr><td rowspan="13">服装面料的分类</td><td rowspan="5">天然纤维</td><td rowspan="2">植物纤维（纤维素纤维）</td><td>种子纤维</td><td>棉、木棉</td></tr>
<tr><td>韧皮纤维</td><td>亚麻、苎麻、大麻、罗布麻等</td></tr>
<tr><td rowspan="2">动物纤维（蛋白质纤维）</td><td>动物毛</td><td>绵羊毛、山羊绒、马海毛、兔毛、骆驼毛等</td></tr>
<tr><td>腺分泌物</td><td>桑蚕丝、柞蚕丝等</td></tr>
<tr><td>矿物纤维</td><td>石棉</td><td></td></tr>
<tr><td rowspan="8">化学纤维</td><td>人造纤维（再生纤维）</td><td>人造纤维素纤维</td><td>黏胶纤维、铜氨纤维、富强纤维、醋酯纤维、Lyocell（莱赛尔）纤维、竹纤维、莫代尔</td></tr>
<tr><td rowspan="6">合成纤维</td><td>聚酯纤维</td><td>涤纶</td></tr>
<tr><td>聚丙烯腈纤维</td><td>腈纶</td></tr>
<tr><td>聚乙烯醇纤维</td><td>维纶</td></tr>
<tr><td>聚丙烯纤维</td><td>丙纶</td></tr>
<tr><td>聚酰胺纤维</td><td>锦纶（尼龙）</td></tr>
<tr><td>聚氨基甲酸酯纤维</td><td>氨纶</td></tr>
</table>

2.1.1 纯朴舒适的天然纤维

天然纤维是从自然界原有的或经人工培植的植物上、人工饲养的动物上直接取得的纺织纤维，是纺织工业的重要材料来源。全世界天然纤维的产量很大，并且在不断增加，是纺织工业的重要材料来源。

（1）棉花

棉花是锦葵目锦葵科棉属植物种子上被覆的纤维，简称棉。连同棉籽的棉纤维称籽棉；剥去棉籽的棉纤维称皮棉或原棉。原棉纤维依据粗细、长短或强度不同可分为三类：

①长绒棉（海岛棉栽培种纤维）。主要是埃及棉，适于织造轻薄或坚牢的织物。

②绒棉（陆地棉栽培种纤维）。可织造一般棉织物。

③粗绒棉（亚洲棉栽培种纤维）。适于织造较粗厚或绒布类专用织物。

此外，还有少量非洲棉栽培种的纤维，细度中等，长度较短，只能织造粗厚织物。

棉纤维的主要组成是纤维素、棉蜡、少量糖类物质及灰分等。其中纤维素的比例占到 95% 以上，其化学组成为纤维二糖（见图 2–1），含有大量的亲水性基团——羟基，因此棉花具有优异的吸湿性能。

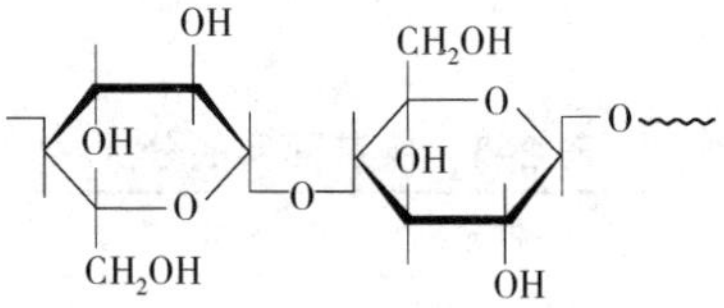

图 2–1　纤维素结构式

（2）木棉

木棉是锦葵目木棉科属几种植物（如木棉属的木棉种、长果木棉种和吉贝种）的果实纤维，属单细胞纤维，长度为 8~22mm。木棉纤维强度低、抱合力差、缺乏伸缩弹性，不宜用作纺织材料。然而，木棉纤维具有良好的抗压性和压缩恢复能力，单位质量体积大，为 $56cm^3/g$，在水中的浮力很大，可承载自身 20~36 倍的重量，回潮率 10%，但不吸水，极适合作救生圈、救生衣、枕芯及褥垫等的填充材料。木棉纤维可与棉、黏胶或其他纤维素纤维混纺成纱，将混纺纱纯织或与合成纤维交织等，已被广泛应用到针织内衣、绒衣、绒线衫、机织休闲外衣、床品、袜类等领域。

（3）亚麻

亚麻是一年生草本植物，可分为纤维用亚麻、油用亚麻和油纤兼用亚麻三种类型。亚麻是人类最早使用的天然植物纤维，距今已有 1 万年以上的历史。亚麻是纯天然纤维，由于其具有吸汗、透气性良好和对人体无害等显著特点，越来越被人类所重视。亚麻原麻经浸渍脱胶后，取出麻茎晒干或烘干得干茎，再经挤压破碎、刮打去除附于纤维外表的木质素、表皮等杂质得到打成麻，此即为亚麻纺织厂的原料。

（4）苎麻

苎麻是中国古代重要的纤维植物之一，较适应温带和亚热带气候。苎麻属荨麻科多年生宿根植物，一般年收三至四次，也有年收五次及以上的。收割的苎麻经剥皮、刮青及干燥得到原麻，即苎麻韧皮层。苎麻韧皮层由众多苎麻单纤维与果胶杂质共同构成，纤维纵表面带有横向结节和纵条纹，苎麻纤维表面不光滑，在纵向沟纹上有许多刺状球形物，它会使皮肤产生刺痒感。

苎麻纤维是各种麻类纤维中最长的一种纤维，平均长度为 50~120mm，为一个细胞组成的单纤维。苎麻纤维颜色洁白，有丝样光泽，且具有抗菌、防臭、吸湿、排汗功能，适合用于服装面料，制作袜子及窗帘、台布、床上用品等多种家纺产品。苎麻织物下水后变硬，有别于遇水手感较为柔软的亚麻织物。为了消除苎麻织物穿着的刺痒感，可以将具有吸湿排汗功能的涤纶短纤维与苎麻纤维混纺成纱，再织制成织物，这样还能降低苎麻织物的成本。三种植物纤维织物如图 2-2 所示。

棉花织物

亚麻织物

苎麻织物

图 2-2　三种纤维织物

（5）羊毛

羊毛是人类在纺织上最早利用的天然纤维之一。羊毛纤维柔软而富有弹性，有天然形成的波浪状卷曲，羊毛织品手感丰满、保暖性好、穿着舒适。纺织原料使用最多的是绵羊的毛。

羊毛纤维是一种由20余种不同的α-氨基酸残基构成的多层次生物组织。羊毛纤维的外观几何形态呈细长柱体，其横截面形状细羊毛接近圆形，粗羊毛为扁圆形，纵向表面有许多鳞片。表面呈薄云状的羊毛为劣质羊毛。市场上也有将羊毛拉伸以充当羊绒的，但其表面已经看不到鳞片结构。羊毛比纤维素难燃，燃烧后无熔滴黏结现象，高温时会烧焦而形成充气的炭球。羊毛制品的缺陷是易被虫蛀，湿态下易变形，洗涤后易毡缩变形。

（6）羊绒

羊绒是长在山羊外表皮层、掩在粗毛根部的一层薄薄的细绒，此类山羊称为绒山羊。每年春季是山羊脱毛之际，用特制的铁梳从山羊躯体上抓取的绒毛为原绒。洗净的原绒经分梳，去除原绒中的粗毛、死毛和皮屑后得到的山羊绒称为无毛绒。山羊绒有白、青、紫三种颜色，其中以白绒最为珍贵。国际上习惯称山羊绒为cashmere，中国采用其谐音为“开司米”，因其珍贵，常称之为“软黄金”。山羊绒纤维的横截面多为规则的圆形，无中腔，纵表面具有较薄的（小于0.55pm）呈环状的鳞片包覆于毛干上，鳞片较长，翘角很小，表面比较光滑平贴。

羊绒纤维具有光泽自然、柔和，吸湿性强，手感滑糯，保暖性优异等特征，十分适合加工成手感丰满、柔软、富有弹性的针织品，也可织制成机织物用于制作高级服装。羊绒织物洗涤后不缩水，保型性好。

（7）兔毛

家兔毛和野兔毛统称为兔毛（兔绒和粗毛）。织用兔毛产自安哥拉兔和家兔，安哥拉兔毛较长，质量最好。兔毛的被毛中85%~90%的毛纤维十分柔软纤细，为细毛，又称兔绒；兔毛中5%~10%的为粗毛，又称枪毛或针毛，是兔毛中纤维最长最粗的种；还有1%~5%为两型兔毛，即单根毛纤维的上半段髓质层发达，具有粗毛特征，下半段则较细，具有细毛特征。两型毛粗细交接处直径相差很大极易断裂，毛纺价值较低。

兔绒和粗毛横截面呈圆形或不规则形，均有发达的髓腔，兔绒的毛髓呈单列断续状或狭块状，粗毛的毛髓较宽，呈多列块状，髓腔中含有空气；纤维之间抱合性能差，易脱毛；兔绒纯纺较困难，一般与其他纤维混纺，用于织制针织和机织面料。

（8）羽绒

羽绒是长在鹅、鸭等腹部紧邻皮肤内层呈朵状的绒毛，无弯曲，长在外侧部位呈片状的则为羽毛。羽绒的形状是以一点为中心呈放射状，向四外伸展出许多羽枝，沿着每根羽枝又滋生出无数更细的羽丝。羽毛形状是以一根较长的连续羽轴为中心向左右伸展出许多羽枝。白鹅绒的横截面上密布着众多大小不一的气孔，横截面形状和大小变化较大。白鸭绒横截面上的气孔细密，无清晰可见的大孔，但生有向上的短小枝芽。

鹅绒与鸭绒相比，绒朵大，中空度高，纤维组织细、软、长，蓬松度高出50%，回弹性优异，保暖性更强。鸭绒由于纤维短，相对容易板结，影响保暖性。羽绒的第一特点是保暖性好，羽绒的直径为4~5μm，最细部只有1μm左右，使在堆砌的羽绒间包含有大量的空气，加之羽绒内的气孔，使其具有很好的绝热性能；第二个特点是其相互不会发生缠结，在羽枝末端处有许多向上突出的尖角，可防止其他杂物侵入羽毛中，却不会影响杂物的移出。羽丝上又附有许多油脂，可降低羽绒间的相互摩擦，当其蓬松性变差时只需轻轻拍打、揉搓便能使之恢复原状。羽绒被或羽绒服的一点不足是纤细的羽绒很容易从包覆的织物组织间隙中脱出，现在已有超细纤维高密织物可以解决钻绒问题。

（9）蚕丝

蚕卵孵化成蚁蚕后，经5个龄期，脱4次皮，发育成5龄蚕；再食桑6~8天后皮肤呈透明状，成为熟蚕。熟蚕发育成熟的绢丝腺分泌丝素，初始熟蚕零乱地吐丝成茧衣，而后蚕的头部以"S"形或"8"字形规律地摆动吐丝，每吐15~20个丝圈形成一个丝片，如此往复，诸多丝片连成茧层，并将蚕体包覆其中形成蚕茧。

蚕丝是熟蚕结茧时所分泌的黏液凝固而成的连续长纤维，是人类最早利用的天然动物纤维之一。依据蚕食用物种类的不同，有桑蚕、柞蚕、蓖麻蚕、木薯蚕、柳蚕和天蚕等之分。缫丝时将蚕茧浸于热水中，茧丝外包覆的丝胶溶于热水，除去丝胶的蚕丝称为精炼丝，将几根脱胶的茧丝合股抽出成一束丝条，便可用于织造真丝织物。

（10）竹原纤维

原竹秆部横截面可见许多较大的孔洞，在其周围包围着许多直径不等的微孔，微孔是由许多微细纤维沿圆周缠绕的空心管构成，它们就是纤维束。纤维横截面有明显的被挤扁的中空孔结构，这个中孔不仅可为竹纤维的生长提供水分与营养，同时还为竹原纤维织物吸湿排汗的毛细效应提供了帮助。

竹原纤维为纯天然纤维，其主要化学成分为纤维素，而纤维素的基本结构单元是由两个葡萄糖残基通过 1，4– 苷键连接而成的纤维二糖，每个葡萄糖残基上有 3 个羟基，赋予纤维素很强的吸湿能力；竹原纤维内带中腔，进一步加强了竹原纤维织物的吸湿排汗功能；竹原纤维面料所制的服装在夏季穿着干爽、舒适。原竹中含有一种天然物质“竹醌”，竹醌具有天然的抗菌、抑菌、防螨、防虫及能产生大量负离子的特性，竹醌在 24h 内能杀灭 75% 的大肠杆菌、金黄色葡萄球菌和巨大芽孢杆菌。竹原纤维中还含有叶绿铜钠，具有良好的除臭功能。

天然纤维主要用作衣物及各种纺织品。由于天然纤维独特的结构用其制作的衣物具有舒适性。如何鉴别天然纤维呢？用外观法、燃烧法就可进行简单鉴别了，具体方法见表 2–2。

表 2–2　天然纤维鉴别方法

品种	外观法	燃烧法
棉纤维	短而细，常附有各种杂质和疵点	靠近火焰：不缩不熔；接触火焰：迅速燃烧；离开火焰：继续燃烧；气味：烧纸的气味；残留物特征：少量灰黑或灰白色灰烬
麻纤维	手感较粗硬	
羊毛纤维	卷曲而富有弹性	靠近火焰：卷曲且熔；接触火焰：卷曲，熔化，燃烧；离开火焰：缓慢燃烧有时自行熄灭；气味：烧毛发的气味；残留物特征：松而脆黑色颗粒或焦炭状
蚕丝	长丝，长而纤细，具有特殊光泽	

2.1.2　莫代尔——再生纤维素纤维的典范

（1）再生纤维素纤维及纤维素酯纤维的基本原材料

再生纤维素纤维和半合成纤维主要是指黏胶纤维、铜氨纤维及醋酯纤维，凡是富含纤维素的天然植物几乎都可以作为再生纤维素纤维与半合成纤维的原材料，例如棉秆，针叶树与阔叶树的树干树枝，竹子的秆茎，榨完糖后的甘蔗残渣，芦苇茎以及汉麻、亚麻及苎麻等各种麻类的秆茎等均可作为再生纤维素纤维和纤维素酯纤维的基本原材料。棉桃摘除可直接应用于纺织加工的棉花后，剩余的棉籽上包覆着长度仅6mm左右的纤维称棉短绒，它已不可直接用作纺织材料，但其中纤维素的含量高，杂质少，分子量高，是制造黏胶纤维、醋酯纤维、羧甲基纤维素纤维、硝酸纤维素纤维的上乘原料。上述以纤维素成分为主的材料均属自然界生长的、资源非常丰富的，且可再生的世界第一大产量的天然高分子材料。

（2）常规黏胶纤维

通常黏胶纤维的制造是先将前述富含纤维素的天然植物材料进行化学精炼，去除其中的木质素、蜡质、灰分等，制成以纤维素为主要成分的浆粕——木浆、棉浆、竹浆或麻浆等。将浆粕经碱化制成碱纤维素并经过压榨，同时去除可溶于碱液的分子量较低的半纤维素，再在规定的温度和时间，在空气存在下使纤维素的聚合度适度地降低，并使其分子量分布均匀化，这被称为“老成化”处理；再用二硫化碳与碱纤维素进行黄酸化制成可在稀碱溶液中溶解的纤维素黄原酸钠，继而在碱液中经溶解、熟成、过滤、脱泡等过程制成可供纺丝的溶液——黏胶。采用湿法纺丝工艺，将从喷丝板小孔中吐出的纺丝原液（黏胶）细流挤入由硫酸/硫酸钠/硫酸锌等组成的凝固浴中，纤维素黄原酸钠遇硫酸后脱出硫酸钠，重新再生为纤维素而凝固。凝固浴中的硫酸钠/硫酸锌是为盐析除水和延缓再生纤维素成型过程，用以控制初生纤维成型过程速度和结构的均匀性的；初生纤维再经拉伸、水洗、上油、干燥等工序得到黏胶纤维。黏胶纤维的成型过程包括了化学反应、传质与传热过程和凝胶化的物理化学过程。其起始原材料为纤维素，经过一系列的化学和物理加工后得到纤维的化学结构仍然是纤维素，只是其分子量及其分布以及超分子结构发生了变化，因此常将其称为再生纤维素纤维。由于由纤维二糖结构单元构成的纤维素含有大量的亲水性基团——羟基，黏胶纤维具有优良的吸湿性、易染性，但是其模量、强度较低，尤其是湿强度低。

（3）莫代尔（Modal）纤维

莫代尔纤维是高湿模量黏胶纤维的商品名，它区别于普通黏胶纤维的是改善了普通黏胶纤维在润湿状态下的低强度、低模量的缺点，在润湿状态也具有较高的强度和模量，故常称为高湿模量黏胶纤维。不同生产厂家的同类商品还有不同名称，例如波利诺西克、富强纤维、虎木棉及纽代尔（Newdal）等品名。

高湿模量性能的获得是由生产过程的特殊工艺而赋予的。区别于一般黏胶纤维生产工艺：

① 纤维素应当具有较高的平均聚合度（约为450）。

② 制备的纺丝原液具有较高的浓度。

③ 调配相应适宜的凝固浴组成（如提高其中硫酸锌的含量），并降低凝固浴温度，延缓成型速度，利于得到结构致密、结晶度较高的纤维。这样得到的纤维内、外层结构较均匀，纤维横截面的皮芯层结构没有普通黏胶纤维那样明显，截面形态趋于圆形或腰圆形，纵向表面也较光滑，该纤维在湿态下有较高强度和模量，优异的吸湿性能也适用于做内衣。

（4）莱赛尔（Lyocell）纤维

莱赛尔纤维是由英国考陶尔公司发明的，后由瑞士蓝精公司生产，商品名为Tencel，在我国的商品名是采用其谐音“天丝”。在尚未找到可直接溶解纤维素的溶剂之前，以纤维素为原料生产的再纤维素纤维多是采用黏胶纤维生产技术制造的。莱赛尔是以无毒的*N*–甲基氧化吗啉（NMMO）水溶液为溶剂，可以直接将纤维素浆粕溶解得到纺丝溶液，再采用湿法纺丝或干–湿法纺丝，以一定浓度的NMMO-H_2O溶液为凝固浴使纤维成型，再将纺得的初生纤维经拉伸、水洗、上油、干燥而制得的一种新型纤维素纤维，故有人称其为新纤维素纤维。与通常的再生纤维素纤维——黏胶纤维生产技术相比较的最大优点是NMMO可直接溶解纤维素浆粕，因此纺丝原液制造的生产工艺流程大大简化，且生产过程几乎无环境污染。

由于生产过程中控制纤维成型过程较缓慢，且无化学反应发生，其形态结构与黏胶纤维完全不同，横截面结构均匀，呈圆形，且无皮芯层之分，纵向表面光滑无任何沟槽，故具有比黏胶纤维优异的力学性能。以可再生且可降解的纤维素为原料的莱赛尔纤维，由于生产过程的环保性，它的良好发展前景值得期待。

2.1.3 合成纤维——色彩斑斓的服装面料

古希腊有个传说，一群神勇无比的勇士，为了找到代表光荣和财富的“金羊毛”，不惜冒着生命危险，冲破重重困难，战胜了巨蟒、妖女和魔鬼，最终找到了“金羊毛”。这个传说告诉人们：如果不付出代价，光荣、幸福和财富是无法得到的。

人工合成纤维的历史，是一部人和自然拼搏的历史，是现代人寻找“金羊毛”的感人故事，我们可以把这部历史概括为三部曲。

合成纤维突破的第一步，是聚酰胺纤维（尼龙－66）。1929年年底，美国的卡洛泽斯及其助手在试制合成的多聚物时，通过蒸馏除水方法，制出了分子量在12000以上的多聚物。他们发现这种处于熔融状态的多聚物可以拉成纤维，冷却后还可以拉制成更柔韧的高强度纤维。1940年，美国杜邦公司将首批人造丝袜隆重推向市场。虽然价格昂贵，但由于它具有弹性好、耐磨、超薄等特有性能，上市就广受妇女们欢迎。当时杜邦公司的广告宣称：“比蛛丝还细，比钢丝还结实。”它就是“尼龙－66”。

合成纤维发展的第二个里程碑是聚酯纤维，我国俗称其为“涤纶”。涤纶是1940年由英国化学家万费尔德（T. Winfield）与狄克逊（J. Dickson）首先合成出来的。由于二战的侵扰，这一重大成果被搁置了10年。直到1950年，英国公司才将其实现了工业化生产。到20世纪70年代，涤纶已经成为合成纤维中发展最快、产量最大的品种。涤纶是三大合成纤维中工艺最简单的一种，价格也比较便宜，再加上它具有结实耐用、弹性好、不易变形、耐腐蚀、绝缘、挺括、染色性好、色彩鲜亮、易洗快干等特点，为人们所喜爱，大量用于制造衣着面料和工业制品。

第三代合成纤维于1951年正式登场，人们称它为合成羊毛。合成羊毛是聚丙烯腈纤维的商品名。早在1893年，化学家们就历尽艰辛地试制出了丙烯腈，后来又从丙烯腈的聚合反应中得到了聚丙烯腈。但它既不溶于普通溶剂，也不能用增塑剂增塑，因此难以加工。1939年，一位名叫瑞恩（H. Rein）的化学家取得了用聚丙烯腈制造纤维的专利，但由于产品质量差而没有推广应用。1942年，瑞恩改用二甲基甲酰胺作为聚丙烯腈的溶剂，终于得到了较高质量的纤维，从而使其具备了工业化生产的条件。然而战争打乱了瑞恩的计划，直到1948年，美国杜邦公司才又试产出这种聚丙烯腈纤维，过了3年，即1951年，才将其正式投入工业生产。

当白亮亮的聚丙烯腈纤维从吐丝口飘落下来的时候，人们都惊呆了！它的耐光性、保温性、弹性都很好，手感柔软细腻，强度比羊毛还要高，价格却比羊毛便宜。

聚丙烯腈纤维一诞生，人们就誉称它为合成羊毛。我国俗称它为“腈纶”。人造羊毛的问世，使天然羊毛黯然失色。据说，在以盛产羊毛而著称的澳大利亚，牧羊人在看到合成羊毛之后，悲痛地大饮啤酒，准备大量宰杀羊群，改行另谋出路。

腈纶的性能与天然羊毛极为相似，故又有人造羊毛之称。腈纶弹性较好，伸长20%时的回弹性仍可保持65%左右，蓬松卷曲且柔软顺滑保暖性比羊毛高15%以上，强度比羊毛高1~2.5倍；耐晒性能优良，露天暴晒一年，强度仅下降20%；能耐酸、耐氧化剂和一般有机溶剂，染色性好，色彩鲜亮，但耐碱性较差；抗菌、不霉不蛀；耐磨性稍差；防静电性能不如天然羊毛。因此，在实际的民用过程中，腈纶往往与羊毛进行混纺，制成毛线，然后，再进一步织成毛毯、毛衣、地毯等制品。

聚丙烯腈（PAN）在国外也称Creslan-61，是一种具有线型结构的半结晶性有机大分子树脂。虽然PAN具有线型分子结构，理论上应该表现出一定的热塑加工性能，但实际加工过程中发现PAN侧链上极性基团CN的存在致使PAN的热塑加工温度超过其热分解温度，即均聚PAN不具备热塑加工性能。所以，几乎所有的商品PAN均为丙烯腈与其他单体（如苯乙烯、丙烯酸酯等）的共聚物。而且这些共聚物在超滤膜、中空纤维、织物纤维等领域得到巨大应用。PAN的分子结构如图2-3所示。

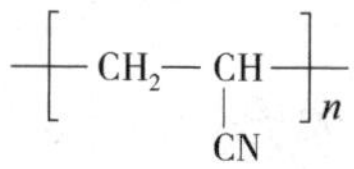

$$\left[CH_2 - \underset{\displaystyle CN}{\underset{|}{CH}} \right]_n$$

图2-3　PAN的分子结构式

此外，在军事领域，高分子量的PAN纤维（$M \geqslant 70000$）也是制备高性能碳纤维的前驱体。因为，PAN纤维经230℃左右的高温氧化后可获得氧化PAN纤维。此类纤维再在1000℃及惰性气体中碳化处理后即可获得在航空航天飞行器、导弹、火箭发动机等军事领域有着广泛用途的高性能碳纤维材料。

维纶（人造棉花）：聚乙烯醇缩甲醛纤维的商品名称，也叫维尼纶。其性能接近棉花，有“合成棉花”之称，是现有合成纤维中吸湿性最大的品种，吸湿率约为4.5%，接近于棉花（8%）。强度稍高于棉花，比羊毛高很多，比锦纶、涤纶差，化学稳定性好，耐光性与耐候性也很好，弹性较差，织物易起皱，不易霉蛀，在日光下曝晒强度损失不大。

锦纶（结实的纤维）：聚酰胺纤维，发明于1935年2月28日，1938年美国杜邦公司将之以尼龙（Nylon）命名。一般在用作塑料时多称作尼龙，而在用作合成纤维时多称作锦纶。尼龙纤维具有优良的耐磨性，在常见纺织纤维中居首位；强度高，弹性好，耐疲劳性居各纤维之首；通透性较差，质量轻，不易定型；耐热、耐光性较差，久晒泛黄，强度会下降。

丙纶（最轻的纤维）：聚丙烯纤维的商品名。丙纶的密度小，不吸湿，对酸、碱有良好抵抗力，强度中等，耐磨和耐弯曲，而且最重要的是在合成纤维中其价格最便宜。丙纶广泛用于作渔网、线绳、地毯、包装袋等，用于衣着原料时可以纯纺或与黏胶混纺。

氨纶（橡胶纤维）：聚氨基甲酸酯纤维，简称聚氨酯纤维，俗称弹性纤维，在我国称为氨纶。最著名的商品名称是美国杜邦公司生产的莱卡（Lycra）纤维。一般与其他纤维一起纺成包芯纱或与其他纱线捻合在一起使用。它具有高弹性、高伸长、高恢复性的特点，能够拉长6~7倍，但随张力的消失能迅速恢复到初始状态。有良好的耐候性、耐酸碱性，耐磨性较好。氨纶制成的服装，穿着舒适，能适应身体各部分变形的需要，并能减轻服装对身体的束缚感，可用于制造各种内衣、游泳衣、紧身衣、牛仔裤、运动服、织带类的弹性部分。

2.1.4 不要穿化纤衣物进入油库

在油库中都会贴有不要穿化纤衣物进入油库的标识，这是为什么呢？我们知道，几乎所有的化学纤维都是高分子物质，由于其分子最外层电子的束缚力较弱，很容易在相互摩擦等运动时产生电子的得失，出现放电的现象，从而出现“静电火花”。我们在晚上把穿在身上的腈纶衫脱下来的时候往往可以看到火花，并听到“啪啪”的响声。一般在白天，因为这种火花比自然光要弱，人们不易发现。

当油库的空气中含有很高浓度的可燃性油分子时，尤其是已经达到可爆燃点时，由衣服摩擦所产生的静电火花，就可能使之点燃，甚至引起爆炸。所以，油库的工作人员是禁止穿化纤织物服装的。

此外，值得一提的是，粉尘也容易引起爆炸，因此在粉尘浓度很高的库房、车间等地，也不宜穿着化纤类衣服出入和作业。

★小常识：当身上穿化纤衣物较多时，易产生静电，自助加油时，应先触碰金属物体，如车门、油枪等，有效释放静电后再加油。

2.2 的确良——告别布票的神器

1953 年，由于棉粮业物资短缺，全国实行计划经济，凭票购物。布票是中国供城乡人口购买布匹或布制品的一种票证，是商品短缺形势下的产物。到了 20 世纪 70 年代中期，为了腾出棉花用地，上海石油化工总厂、辽阳石油化纤总厂、四川维尼纶厂和天津石油化纤厂引进进口化纤生产线，我国开始大量生产涤纶，由其纺织制成的“的确良”面料，挺阔不皱、滑爽细腻、结实耐用、色彩鲜亮、易洗不褪色，很快被大众所追捧，“的确良”服装迅速风靡全国。进入 20 世纪 80 年代，纺织品生产已经能够满足老百姓的需要，1983 年国家决定取消布票。布票成为停留在历史上的一个名词，它既陪伴人们度过了一段艰难的岁月，也见证了时代的进步，社会的繁荣。这个织成“的确良”面料的合成纤维——涤纶是如何生产的呢？

涤纶是由聚对苯二甲酸乙二醇酯（PET）经过熔体纺丝制得的，熔体纺丝技术主要包括两类：连续聚合——熔体直接纺丝（俗称连续纺），以及聚合物的固体切片经前处理后，再熔融纺丝（俗称切片纺），工艺过程如图 2–4 所示。

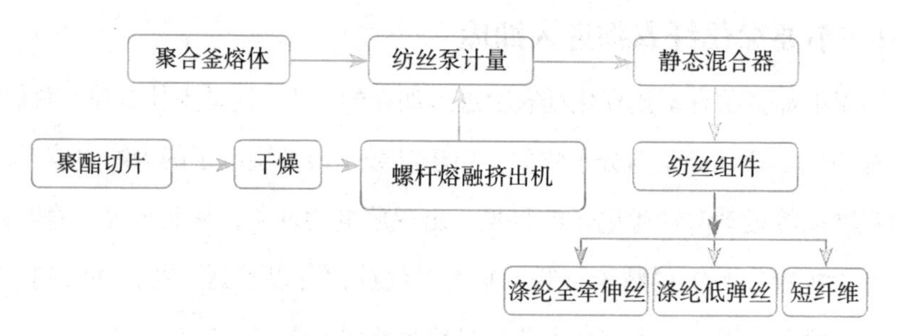

图 2–4　熔体纺丝技术工艺流程

熔体纺丝过程是将纺丝熔体利用计量泵均匀且定量地从喷丝头小孔中挤出，其受重力及卷绕张力等的作用被拉长变细，进入到低温冷却环境（即俗称的环吹风或侧吹风）中，熔体丝条与环境间仅发生热传递的物理过程，当熔体温度逐渐降低至聚合物材料的熔融温度以下时，熔体丝条凝固成固体纤维状。由于冷却成型过程是在很均匀、稳定的条件下进行的，纤维的横截面通常呈圆形截面，纵向表面也是非常光滑的。倘若使用的纺丝组件喷丝孔形状为非圆形的，则可制得异形截面纤维。熔体冷却后得到的纤维被称为初生纤维（POY），它还不具备足够的强度和尺寸稳

定性，需要再经拉伸、定型等过程。拉伸过程通常是在略高于高聚物材料的玻璃化转变温度的条件下将纤维拉长一定倍率，使纤维大分子获得取向结构，而后使纤维处于松弛或张力状态，在材料的结晶温度条件下发生结晶并适当消除内应力，大分子处于长程有序、短程无序的取向结晶态，具有了实用价值——成为具有足够的断裂强度与断裂伸长率及尺寸稳定性的成品纤维。纺丝、拉伸、定型工艺又有很多种类型（见图 2–5）：

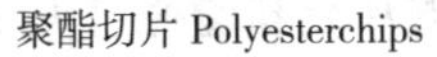
聚酯切片 Polyesterchips

涤纶预取向丝 POY

涤纶低弹丝 DTY

图 2–5　涤纶纤维

① 经过 1000m/min 左右较低的速度纺丝，再经高倍拉伸和定型的技术（UDY–DT）。

② 在 3200m/min（纺制 PET 时）或 4500m/min（纺制 PA6 时）下高速纺得到预取向丝，再行拉伸的技术（POY–DT）。

③ 经高速纺得到预取向丝，再进行假捻变形的技术（POY–DTY）。

④ 经高速纺得预取向丝，再经空气变形的技术（POY–ATY）。

⑤ 热管纺丝技术（TCS）。

⑥ 6000m/min 以上的超高速纺丝技术（HOY）。

⑦ 纺牵联合一步法技术（FDY）。

不同加工技术所得到的纤维具有不同的力学性能及染色性能等，适应于不同的应用领域。

2.3　冲锋衣——户外运动必备装备

冲锋衣，如图 2–6 所示，外文名 Jackets，又名 Outdoor Jackets，音译为夹克，冲锋衣之所以能成为所有户外爱好者的首选外衣，是由其全天候的功能决定的。冲锋衣最早用于在登高海拔雪山时离顶峰还有 2~3h 路程的最后冲锋，这时攀登者会脱去羽绒服，卸下大背包，只穿一件较轻便的衣服轻装前进，这就是“冲锋衣”中文名字的由来。

图 2-6　冲锋衣

冲锋衣也叫防水透湿织物，是集防水、透湿、防风和保暖性能于一体的多功能织物。织物在一定的水压下不能被水润湿，但人体散发的汗液却能通过织物扩散或传递到外界，不在体表和织物之间积聚冷凝。防水透湿织物必须有一定的透湿能力，其最低值应为 2500g/（m^2·24h），最好在 4000g/（m^2·24h）。具备这种透湿能力的织物，不仅能满足人们在特殊作业环境（如严寒、雨雪、大风天气，沙漠、雨林等恶劣环境）中活动时的穿着需要（如作战服、野外考察服等），也适用于人们在日常生活中对雨衣等防水衣物及各种高档服装面料的要求，具有广阔的发展前景。

2.3.1　冲锋衣面料的分类

冲锋衣面料的分类如下：

① 两层压胶面料。只在外面料（尼龙－66）下复合一层防水透气层［聚四氟乙烯（PTFE）多孔的薄膜］，制作服装时需要在里面再加一层里衬来保护防水透气膜层。

② 三层压胶面料。在外面料（尼龙－66）下复合防水透气层，然后再复合一层内衬，在制作成衣时无需再加衬里。

③ 两层半面料。在外面料（尼龙－66）下复合防水透气层，然后再加一层保护层（不是衬布），制作服装时因为已经有保护层就不用再加衬里，但又比三层压胶面料要轻薄柔软许多。

尼龙－66（PA66，聚酰胺纤维）其结构式如图 2-7 所示，PA 分子链上具有极性酰胺基（—CONH—），大分子链之间形成氢键，使PA分子间的作用力增大，是典型的极性高聚物，具有较高的力学强度。尼龙纤维具有优良的耐磨性；PA分子链的酰胺基之间嵌有非极性的亚甲基结构，极性和非极性共存的结构使PA宏观上表现出坚而韧的性质；不易燃烧，离火自熄，燃烧时伴有角质燃烧的味道；易吸水，是常用塑料中最易吸水的品种。

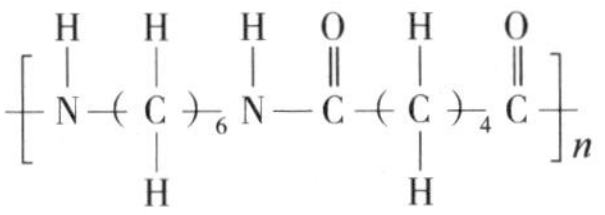

$$\left[\overset{H}{\underset{}{N}} - \left(\overset{H}{\underset{H}{C}} \right)_6 \overset{H}{N} - \overset{O}{\overset{\|}{C}} - \left(\overset{H}{\underset{H}{C}} \right)_4 \overset{O}{\overset{\|}{C}} \right]_n$$

图2-7　尼龙－66纤维结构式

1976年，美国试制成功用PTFE薄膜与织物进行层压复合制得的第一代商品名为Gore-tex的防水透湿层压织物。Gore-tex是一种多孔的薄膜，它需要压合在一层尼龙材料里面才可以作衣服面料。因为它的小孔尺寸比水滴小（20μm）而比气体（0.4nm）大，具有优越的防水透湿性能。

PTFE的结构式如图2-8所示。PTFE对称无极性，氟是化学性质较为活泼的元素之一，但在PTFE中，氟原子通过化学键与碳原子进行键合。然后，四氟乙烯单体又通过共价键进一步聚合为高度规整及高结晶性的PTFE大分子。在高键能的C—F键中，由于氟原子的直径远远大于氢原子，所以在PTFE中由C—C所组成的大分子主链被直径较大的氟原子包围着，宏观上体现出优异的化学惰性和不可浸润性，因此PTFE有“塑料之王”的美誉。此外，也正因为PTFE中高键能C—F键的存在及其自身较高的结晶度（分子链在空间的高度规整性），PTFE也表现出极佳的阻燃性和可在260~285℃高温连续使用而稳定性不受影响的性能。

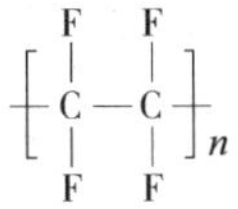

$$\left[\overset{F}{\underset{F}{C}} - \overset{F}{\underset{F}{C}} \right]_n$$

图2-8　PTFE的结构式

对于聚四氟乙烯微孔薄膜层压复合织物，由于PTFE材料具有极优异的耐化学腐蚀性、低表面能、阻燃性能，加上薄膜的微孔结构又使其更具有优越的防水透湿性，可作为防护有毒化学物质和其他恶劣环境的理想材料，因此最适合防水透湿、阻燃、防生化和防毒等复合织物的开发。例如，Gore-tex公司2000年公布的表面处理技术，是在多微孔薄膜中再加上含硅发泡体应用于防火衣物上，可以在难燃织物与里层织物间形成空气缓冲层，服装的透气性与舒适性因而大为改善。Gore-tex的一款功能性透汽防护衣料Gore-texAntistatic，是于Gore-tex膜中均匀地加入导电性的纳米微粒物质，使得涂覆在织物上的透气薄膜能够形成导电的网状结构，从而达到抗静电的防护效果。

中国人民解放军军需装备研究所研制并投入应用的抗新冠病毒的防护服也是一种以聚四氟乙烯微薄膜并辅以亲水性聚氨酯（PU）涂层层压复合织物为基础的，集阻燃、抗静电、杀菌等功能于一身的防水透湿织物。而各种功能性聚氨酯的开发及其在纺织上的应用，对改善织物舒适性、减少环境污染等具有重要的意义。

2.3.2 冲锋衣的加工方法

防水透湿织物（冲锋衣）的发展，从有文献记载到现在，已有几百年的历史。在此期间，逐渐形成了以下加工方法：

① 高密度织物。采用细特棉纤维或超细合成纤维长丝织成高密织物，这类织物纱线间隙小，可阻止水滴通过。这类织物防水性能差，但具有优良的透湿性、悬垂性和较好的手感。

② 涂层织物。通过采用干法或湿法涂层工艺技术，使织物表面孔隙为涂层剂所封闭或减小到一定程度，从而得到防水性。由于这种方法本身的局限，未能很好地解决透湿与防水、耐洗涤之间的矛盾，但其价格较低。

③ 层压织物。采用特殊的黏合剂，采用层压工艺，将具有防水透湿功能的微孔或亲水性薄膜与普通织物层压复合在一起，形成防水透湿织物。层压织物很好地解决了透湿性、防水性、耐洗涤之间的矛盾。

涂层织物和层压织物由于既可以达到很高的防水透湿性能，又可按需要提供不同档次（如高防水低透湿型和低防水高透湿型等）、不同要求（如保温、迷彩、阻燃等）的产品而占据市场的主导地位。高密织物虽无法取得很好的防水性，但其优越的手感和良好的透湿性，使其在市场上仍占有一席之地。

2.3.3 纤维粗细的表征

超细合成纤维是指多细的纤维？如何表征纤维的粗细呢？

纤维的细度即纤度，由于纤维长丝与纱线形状不规则，且纱线表面有毛羽（伸出的纤维短毛），因此很少用直径表示其细度，多使用旦数或下列几个单位表示天然丝或化学纤维粗细的程度。

① 特克斯。简称特，符号为 tex。在公定回潮率下，长度为 1000m 纱线的重量克数，如 1000m 的纤维重 1g 为 1tex。特克斯越大，纱线越粗。

② 旦尼尔（Denier）。简称旦，符号为 D。在公定回潮率下，9000m 长的纤维的重量克数，如 9000m 的纤维重 1g 为 1 旦，ltex=9D。当纤维的密度一定时，旦数越大，纤维越粗。

③ 公制支数（N）。在公定回潮率下，每一克重纤维或纱线的长度米数。公制支数越大，纱线越细。书写方法：数字 / 股数，如：32/3。

④ 英制支数（S）。在公定回潮率下，每一磅（0.4536kg）重的纤维或纱线长度为 840 码（1 码 ≈ 0.9144m）时为一英支。英支越大，纱线越细。书写方法：数字 S/ 股数，如：32S/3。

2.3.4 超细纤维

超细纤维又称超细旦。一般把纤度 0.3 旦(直径 5μm)以下的纤维称为超细纤维。国外已制出 0.00009 旦的超细纤维，如果把这样一根纤维从地球拉到月球，其重量也不会超过 5g。因为它比传统的纤维细，所以比一般纤维更具蓬松、轻薄、柔软的触感，且能克服天然纤维的易皱、人造纤维不透气的缺点，吸湿快干性能优越。此外，它还具有保暖、不发霉、无虫蛀、质轻、防水等许多优良特性。超细纤维的品种有超细旦黏胶丝、超细旦锦纶丝、超细旦涤纶丝、超细旦丙纶丝等。

细旦、超细旦纤维所制得的织物具有常规化纤和天然纤维所无法比拟的特点和风格，其中最突出的是柔软性好，更富于丝绸感。

由于细旦化纤的微细结构，在织物中纤维根数增多，带来了“微气室”效应，提高了织物的保温（暖）性和隔音性。

超细旦纤维比表面积大，有利于提高织物的吸湿性，并有明显而特殊的毛细管现象，输导水气性能良好，不仅可改善织物染色性能，而且也可改善服装用料的舒适性。

2.3.5 防水透湿织物的发展趋势

（1）防水透湿织物的智能化

随着形状记忆聚氨酯的问世，涂层整理必将推动智能型防水透湿和舒适性涂层整理产品的开发。日本三菱重工业公司生产的形状记忆聚氨酯及其防水透气织物 Diaplex 产品，其防水性能达到 196.12~392.26kPa（20000~40000mmH_2O），透湿气量达到 8000~12000g/（m^2·24h），而且具有良好的抗冷凝性。这种织物的透湿气性能会随着人体温度的变化而变化，达到“智能”效果，使其适宜于在各种条件下穿着。类似的产品还有该公司的形状记忆聚氨酯涂层织物 Azekura。

此外，近年来人们正在致力于开发一种新型的聚氨酯材料——调温功能聚氨酯。这种材料除防水透气外，还兼有调温功能，这样穿着者在环境温度多变或人体发热出汗等情况下，都会感到舒适（如宝立泰公司的 Qualitex）。

天津工业大学则通过在纤维表面引入刺激响应性高分子凝胶层，利用其在一定条件下发生体积相转变的特性开发了智能型防水透湿面料，为开发新型拒水纺织品提供了新途径。

Stomatex PE 材料可将滞留于织物下部的蒸汽由该材料中的微型泵排出。每个泵基本上是由一个变形孔腔和一个出气口组成的。在使用过程中，依靠织物的弯曲作用使蒸汽从孔腔中释出。随着穿着者身体活动的加剧，泵的功能也相应提高，材料的性能因此与穿着者的出汗程度相适应。

（2）纺织品防水透湿加工的绿色化

无论是干法还是湿法生产的 PU 涂层，所用的 PU 溶液绝大多数含有 70% 左右的二甲基甲酰胺（DMF）、甲苯、甲乙酮等有机溶剂。这些溶剂对操作者有一定的危害，且易燃、易爆，还污染环境，同时溶剂的回收难度也较大。因此，发展水乳性聚氨酯涂料，以减少环境污染及对人体的危害具有重要的现实意义，也是当前发展的热点与难点。

美国 Nextec 公司以胶囊介入防护工艺（EPIC），于织物上形成防水透气的防护层。

此工艺成囊于织物内部，填充在纤维之间，为一种超薄的有机硅树脂薄膜，形成一层耐久的可吸气但不透水和风的屏蔽层。这种工艺无环境污染问题。

此外，放电涂层及等离子体技术的应用也是一个很好的方向。放电涂层在光学和电子工业上已经取得了很大的成功，如能充分发挥其优势，探索出适合织物或其他高聚物涂层的工艺和设备，将对此领域有很大的影响。

防水透湿织物是一种高附加值的产品，不同生产工艺生产出的产品各有其特色。在涂层材料中，聚氨酯涂层材料具有广泛的应用前景，其中功能性聚氨酯（调温性、形状记忆性）的开发及其在纺织领域中的应用，对改善涂层织物舒适性具有重要的意义，也是当前防水透气织物发展的重要方向之一。

2.4 莱卡——创造比基尼的神器

杜邦公司的科学家于1958年发明了莱卡纤维，并以"LYCRA（莱卡）"作为品牌名称，其学名是"氨纶纤维"，也称聚氨酯纤维，由聚氨酯通过溶液纺丝技术或熔融纺丝技术纺制。溶液纺丝技术的生产流程为：原液→纺丝泵→从喷丝板进入温水（90℃以下）→再生槽凝固浴→脱去溶剂→丝条洗涤→干燥→卷绕成型，聚氨酯结构式如图2–9所示。

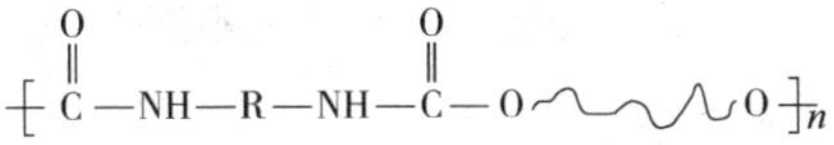

$$\left[\overset{O}{\overset{\|}{C}} -NH-R-NH- \overset{O}{\overset{\|}{C}} -O\sim\sim\sim O \right]_n$$

图2–9 聚氨酯结构式

氨纶共有两个品种，一种是由芳香双异氰酸酯和含有羟基的聚酯链段的镶嵌共聚物（简称聚酯型氨纶），另一种是由芳香双异氰酸酯与含有羟基的聚醚链段镶嵌共聚物（简称聚醚型氨纶）。氨纶与传统的棉线相比，最大的特点就是具有卓越的延展性和回复性，莱卡可拉伸至4~7倍的原始长度，并可回复原样，周而复始。氨纶纤维之所以具有如此高的弹力是因为它的高分子链是由低熔点、无定型的"软"链段为母体和嵌在其中的高熔点、结晶的"硬"链段所组成。柔性链段分子链间以一定的交联形成一定的网状结构，由于分子链间相互作用力小，可以自由伸缩，形成大的伸长性能。刚性链段分子链结合力比较大，分子链不会无限制地伸长，形成高的回弹性。氨纶一般不单独使用，而是少量地掺入织物中。这种纤维既具有橡胶

性能又具有纤维的性能，多数用于以氨纶为芯纱的包芯纱。这种纱称为弹力包芯纱，主要特点为，一是可获得良好的手感与外观，以天然纤维组成的外纤维吸湿性好；二是只用 1%~10% 的氨纶长丝就可生产出优质的弹力纱；三是弹性百分率控制范围为 10%~20%，能根据产品的用途，选择不同的弹性值。

莱卡纤维发明之初，是用于替代紧身衣中的橡胶成分的，此前，消费者不得不忍受服饰面料松弛或紧绷缠裹的困扰。莱卡纤维诞生后，为舒适、合身、活动自如、持久保型的面料带来了全新定义，被誉为“20 世纪服装创新最伟大发明之一”。

自 20 世纪 60 年代，凡莱卡纤维可及之处，皆掀起一场全新的穿衣革命。它在体育用品市场也占据了重要的地位，逐渐影响着大众的穿衣理念：它把原本厚重、易松垂的泳衣变得轻薄、贴身、易透气，更为创造比基尼奠定契机。含莱卡纤维的紧身裤袜与紧身牛仔成为当年流行时尚的标志性装束，现在已使牛仔服装具有四向弹力。含有莱卡纤维的针织内衣，因其细密薄滑的质感、极好的弹性和回复性，把“第二肌肤”这一美誉演绎得淋漓尽致，受到广大妇女追捧。用融入高科技莱卡纤维制成的运动短裤，可帮助减轻运动员的肌肉疲劳。掺有莱卡纤维的改良衬衫面料，在保型的同时更添加了适度弹性。

总之，莱卡纤维通过服装传递情感，使每一个喜爱它的人找到一种全新表达自我、彰显个性魅力的平衡。同时，也体现了一种健康时尚的生活，莱卡纤维给予人们的回报远远超出了穿衣的内涵。

鲨鱼皮泳衣（shark-skin like swimsuit）是 Speedo 公司出产的一种模仿鲨鱼皮肤制作的高科技泳衣，又被称为神奇泳衣、快皮。1999 年 10 月，国际泳联正式允许运动员穿鲨鱼皮泳衣参赛，2004 年、2007 年、2008 年第 2、第 3、第 4 代鲨鱼皮泳衣分别面市。国际泳联于 2009 年 7 月底做出了决定：从 2010 起，禁止在比赛中使用高科技泳衣，泳衣材料必须为纺织物，泳衣不得覆盖四肢，新规则使用前世界纪录不作废。鲨鱼皮泳衣近十年的辉煌历史由此走到尽头。

鲨鱼皮泳衣的核心技术在于模仿鲨鱼的皮肤。生物学家发现，鲨鱼皮肤表面粗糙的 V 形皱褶可以大大减少水流的摩擦力，使身体周围的水流更高效地流过，鲨鱼得以快速游动。神奇泳衣快皮的超伸展纤维表面便是完全仿造鲨鱼皮肤表面制成的。此外，这款泳衣还充分融合了仿生学原理：在接缝处模仿人类的肌腱，为运动员向后划水时提供动力；在布料上模仿人类的皮肤，富有弹性。实验表明，快皮的纤维可以减少 3% 的水阻力，这在 0.01s 就能决定胜负的游泳比赛中有着非凡意义。根本原因则是“鲨鱼皮”使用了能增加浮力的聚氨酯纤维材料。

2.5 跑鞋——运动员的助跑神器

2019 年 10 月 12 日，“马拉松第一人”基普乔格以 1 小时 59 分 40 秒完成比赛，创造了人类马拉松历史上的奇迹！要实现这个目标，具有像基普乔格这样优秀的运动员是第一位的，但是也不能忽视其中的科技因素——他比赛时所穿的跑鞋。

2.5.1 鞋底是耐穿舒适的关键

跑鞋中，鞋底非常重要。鞋底分为三层，接触地面的这一层为外底（大底），外底和鞋身之间的夹心为中底，担负着缓冲地面震动的作用。中底之上就是内底了，一般会用鞋垫来充当。

中底是一双运动鞋的核心部件，如果将一双运动鞋比喻为一辆车，则鞋面是车身，鞋底是轮胎，鞋中底就是悬挂系统，其重要性不言而喻。

鞋中底可提供良好的稳定性、缓冲回弹性，从而很好地保护脚。对各大鞋品牌厂商来说，鞋中底是最能发挥科技效用且影响运动表现较大的部位，可直接影响其核心竞争力。

近些年各大跑鞋公司不断研发各种新型材料中底，努力开发回弹出色、耗费能量小、脚感更舒适等具有所有优点的中底材料。每个品牌都会以自家命名的中底技术作为最突出的卖点。

事实上，跑鞋中底的四大种材料不外乎是 EVA、PU（含 TPU）、橡胶、PEBAX（尼龙）。各跑鞋品牌会将这四种材料进行一些改造或混合（多数用橡胶混合另外两种），也会进行更高技术的研发——所谓的“分子层面”上的，同时制备工艺上应用超临界技术实现性能的进一步优化。

（1）EVA——被广泛使用的中底材料

EVA，乙烯 / 乙酸乙烯酯共聚物，其中乙酸乙烯酯（VA）作为 EVA 分子链中的柔性链段，质量含量在 26%~40% 之间，乙烯作为结晶链段，整体表现出一定的柔软度和高弹性。EVA 材料具有良好的柔软性，橡胶一样的弹性，加上相对低廉的价格成为各大鞋厂广泛使用的中底材料之一。

1975年，美国Brooks公司将EVA材料引入跑鞋，自此跑鞋有了“中底”这一概念。当时EVA材料的出现也是颠覆了人们对鞋中底材料的认知，纯EVA发泡的回弹性一般在40%~45%，远比PVC、橡胶等材料回弹性好，并且其还具有材质轻、易加工等特点，从而在鞋中底得到大量的应用。然而以EVA为基础的发泡材料产品耐老化性能、耐屈挠性能、弹性和耐磨性较差，且EVA发泡材料的填充能力有限。

一双EVA中底的跑鞋在跑上一定的里程之后，脚感就会变硬，这是因为EVA在经过跑友们的反复踩踏之后，泡沫中的空气被挤出去了，这样一来，被“压制”的EVA无法变回原来的形状，提供的缓冲能力明显下降，所以下脚感觉就硬了。

以阿迪达斯BOOST材料为代表的ETPU的出现也使得人们对EVA材料提出了更高的要求，例如更低的硬度、更高的回弹、低压缩形变，等等，因此EVA橡塑并用就成为目前各厂家的研究热门。EVA橡塑并用，会加入EPDM（三元乙丙橡胶）、POE（乙烯、辛烯无规共聚的热塑性弹性体）、OBCs（半结晶热塑性聚烯烃弹性体）、TPE如SEBS（苯乙烯类热塑性弹性体）等弹性体共混使用，利用EPDM橡胶性、POE高弹性、OBCs柔软结晶性、TPE柔软性等以达到共混改性目的，从而提升EVA发泡性能，回弹性一般可提高到50%~55%，甚至更高。

目前传统EVA材料的跑鞋在市面上基本只会用在品牌的复古休闲跑鞋或非常廉价的入门跑鞋中。很多新推出的使用中底技术的跑鞋都会将其与传统的使用EVA材料的跑鞋相比，展现“吊打”优势，如图2-10所示。

图2-10　EVA材料鞋底

（2）PU、TPU、ETPU材料

PU就是聚氨酯，是由二异氰酸酯或多异氰酸酯与带有2个以上羟基的化合物反应生成之高分子化合物的总称。PU 分为热固性的和热塑性的。

TPU 是热塑性聚氨酯弹性体的英文简称，是一种由二异氰酸酯、扩链剂、多元醇组成的嵌段共聚物。通过改变 TPU 结构重组得到的高回弹泡沫颗粒的新型 TPU 发泡材料，称为膨胀热塑性聚氨酯（ETPU），这是由无数个弹性十足的重量很轻的 TPU 发泡小球集结在一起的一种新型高分子材料，如图 2–11 所示。

图 2–11　ETPU 材料

PU 具有高密度和大重量的特点，优点是持久性和缓冲能力强，相比 EVA，PU 没有“记忆性”——它不容易被踩得变形而减损缓冲性能，更长的使用寿命也使得它成为一些高档的鞋子中底的常用材料。

TPU 材料的诞生极具艺术性，原料通过物理发泡法和超临界技术，将流体渗入到原材料内部，利用加压加热来打破原材料内部的平衡状态，此时含有密闭气泡的原来颗粒可以像爆米花那样直接增大 2~3 倍，所以采用 ETPU 材质的中底外观都类似。它的内部有很多直径在 30~100 μm 的小气泡。这些小气泡有大有小，并且不是紧密连接的，里面有空气，密度低，踩下去脚感更软。

（3）PEBAX 材料

PEBAX 弹性体是一款具有极高性能的热塑性聚合物，是由刚性聚酰胺嵌段和软聚醚嵌段组成的嵌段共聚物。这些独特聚合物保持延续了传统概念中聚酰胺相关的韧性和聚醚的弹性。在反复弯曲过程中，PEBAX 弹性体可以提供极其高效的能量回收。穿着 PEBAX 中底技术鞋款可以将能量损耗系数降到更低，且拥有极强的抗冷冲击性。PEBAX 弹性体在热性塑料品类中的重量是最低的，要比很多的低密度聚合物轻 20%，回弹率可以达到 70%~80%，且坚固性丝毫不会下降。

不过这种材料也并非完美，即使是新品中底部分依然有大量褶皱。这是由于 PEBAX 的分子之间支撑性能不好所导致的，此外 PEBAX 发泡技术的成本和废品率都比较高，导致造价昂贵。由于技术门槛高，目前绝大多数产能仍在国外厂家手里，如阿科玛、赢创、日本宇部兴产等，也限制了它主要应用于专业跑鞋等高端鞋品。

（4）中底材料发展趋势

不管是 ETPU 还是 EVA 橡塑并用，它们主要都是奔着三个目标去的：更轻、更高回弹、更低压缩形变，都是追寻一个更好的性能平衡点，就比如密度低了有利于轻质，但不利于回弹性、硬度等力学性能，怎样使得在更轻的同时还有良好的力学性能，这是一个非常值得思考的问题。

1）更轻

有研究表明，跑步过程中，膝盖所受到的冲击力大约是体重的 3~5 倍，而鞋子的重量每增加 1g，人每跑 100m 就会多消耗 8% 的体能，鞋子每减轻 1g 重量，就相当于减轻 560g 的重力负担。而一双鞋子的重量主要取决于鞋中底的重量。目前一般鞋中底的发泡密度在 0.2~0.3g/cm^3，如果可以进一步降低这个密度，鞋中底的重量就可以进一步减轻。

除了从材料上进行变革外，通过不同弹性体的复配也是一个不错的减重途径，而且成本也较新材料低。比如特步的一种尼龙发泡鞋材专利通过加入尼龙共混物，使得整个鞋材能够进行更大倍率的发泡，从而能够减轻鞋材的密度，其相比传统的 EVA 发泡体系，密度能够降低至 50%，拉伸强度可提升 15%左右，另外，POE 的加入保证了鞋材的弹性。

2）更高回弹

回弹性对于运动鞋来说是非常重要的一项力学性能，特别是篮球鞋，其良好的回弹性可助力篮球运动员有更出色的表现。目前典型的鞋中底回弹性一般在 55%~60% 之间，通过改善混合物的结晶度，可有效提高最终发泡材料的回弹性，比如安踏的一种高反弹材料专利通过引入适当配方量的异戊橡胶、三元乙丙橡胶等橡胶组分，经过一次发泡成型工艺，能获得反弹能力在 70% 以上的发泡材料，且各项力学性能良好。

3）更低压缩形变

压缩形变是鞋中底疲劳性的体现，比如早期的EVA鞋中底，普遍存在一个穿久了会从软变硬、发生较大永久形变的现象，非常影响消费者的穿着体验。早期EVA鞋中底的压缩形变量一般在35%~40%，而通过弹性体复配，目前EVA橡塑并用鞋中底的典型压缩形变量小于35%。

（5）大底的材料

在鞋底材料，特别是运动旅游鞋材中，化工材料占据了绝对的优势地位。作为制鞋的大底材料，合成橡胶的应用最广，种类也很多。鞋底材料主要包括以下品种：材质功能最为全面的硬质橡胶，坚韧、防滑又很耐磨，用量第一。实用性最高的耐磨橡胶，顾名思义，就是其耐磨性非常好。可以回收再利用的，称为环保橡胶。含有空气从而提高了减震功能的，称为空气橡胶。柔韧性好，具有很强防滑功能的，称为黏性橡胶。此外还有在普通胶料里加入了碳元素，使得橡胶更加坚韧耐磨的加碳橡胶。

① 橡塑合成鞋底。橡塑合成鞋底，又称仿皮底，是以橡胶为基料，加入10%~30%的合成树脂材料制成的。橡塑合成鞋底属于高弹性材料，穿着轻快，没有响声，防滑耐磨，这样的鞋底既具有良好的弹性，又有较高硬度，其性能似天然皮革。

② 牛筋鞋底。牛筋鞋底是一种淡黄色半透明的鞋底，因其颜色与形状似牛蹄筋而得名。牛筋鞋底可以用橡胶制作，也可用塑料制作，而以用苯乙烯系热塑性弹性体为主料制作最为方便。该热塑性弹性体是以苯乙烯、丁二烯为单体的三嵌段共聚物，兼有塑料和橡胶的特性，是热塑性弹性体中产量最大（占70%以上）、成本最低、应用较广的一个品种。牛筋鞋底最适宜做休闲运动类的鞋底，不仅可以和水、弱酸、碱等接触，耐磨擦牢度强，表面摩擦系数大，而且绝缘性能也很优良。

③ 3D打印鞋底。由于新的运动项目的不断出现，研究和满足这些项目的需求，提供新型的、多功能的替代材料，成为现代运动鞋研制的主题。2013年，耐克公司对外展示了首款采用了3D打印技术的运动鞋鞋底——Nike Vapor Laser Talon。这款鞋底是主要针对美式橄榄球运动员而设计的，其重量只有28.3g，在草坪场地上的抓地力表现非常优秀。另外，它还能加长运动员最原始驱动状态的持续时间。也就

是说，这是一款可以赋予运动员更快速度和更大力量的鞋底。

2.5.2 鞋面漂亮才是硬道理

通常鞋面材料还包括内里部分，鞋面应当具备以下优良性质：触感柔软吸收空气、发散湿气、耐磨、耐水、耐热，最要紧的，还应当外观时尚漂亮才行。

鞋面材料的种类繁多，主要包括天然皮革、人造革、帆布和尼龙布等。人造革是一种外观和手感似皮革的塑料制品。通常以织物为底基，涂布合成树脂及各种塑料添加剂混合物，加热塑化并经滚压压平或压花制成。基体材料分为棉布基、纤维基和合成纤维基三大类。棉布基皮革包括平布、漂白布、染色平布基人造革、帆布基人造革、针织布基人造革和起毛布基人造革。纤维基皮革分为纸基和无纺布基人造革。合成纤维基皮革主要是尼龙丝纺聚氨酯人造革。涂覆层原料主要有聚氯乙烯、聚酰胺、聚氨酯和聚烯烃等。

其中，聚氨酯合成革具有独树一帜的优势，既强调了功能性又强调了环保性，代表着合成革行业的未来发展方向。在国外，由于动物保护组织的宣传影响，加之生产技术进步，聚氨酯合成革的性能和应用大大超过了天然皮革。加入超细纤维后，聚氨酯的韧性、透气性和耐磨性得到了进一步加强。这种超细纤维增强聚氨酯仿真皮革，也叫再生皮，属于合成革中最新研制开发的高档皮革。超纤皮是目前最好的人造皮，皮纹与真皮十分相似，手感有点柔软，外行很难分辨是真皮还是再生皮。不仅耐磨、透气、抗老化，而且柔软舒适，有着很强的柔韧性，超纤皮已成为代替天然皮革的选择。

运动鞋的色彩，是由其所使用材料本身反射的光所决定的。为了提高竞技体育运动的观赏性，运动鞋在色彩的运用方面，采取了多种色彩的搭配，借以提高其鲜艳程度。运动鞋在设计上，充分运用颜色的搭配，使运动的观瞻性和娱乐性大为提高，体现出了运动本身活泼、动感和明快的特色。

随着人们生活空间和活动范围不断扩展，大众运动与旅游出行成为现代社会的流行时尚，休闲运动鞋的种类越来越多，款式不断翻新，呈现出五彩缤纷、琳琅满目的发展趋势。人们不仅看重鞋子的运动功能，而且，更加注重其作为个人穿戴中装饰物品的视觉审美情趣。休闲运动鞋需要同时满足功能性、保护性、舒适性和时

尚性的多样要求。

2.6　功能性服饰——满足美丽、舒适的需求

服装面料的发展是随着人类科技水平的进步和应用领域的需求变化而发展的。人类在漫长的发展过程中，找到并真正利用的天然纤维不过数种。天然纤维穿着舒适，但其占用土地，加工费时费力，产量有限，满足不了人类日常需要。而化纤面料因结实耐用、易打理、具有抗皱免烫特性，可进行工业化大规模生产而获得快速发展。当人类进入化纤时代后，在短短的百年间，发明的化纤新品种就达上百种。但随着人们生活水平提高，穿衣讲究舒适性和时尚化，化纤面料的吸湿性差、舒适性差、手感差等弱点又凸显出来。于是，从天然纤维的舒适性入手，以天然纤维为“蓝本”，对化纤进行仿真、超真改造，增加功能性，服装面料获得大发展，各种功能性材料涌现出来。

2.6.1　新型纤维应运而生

（1）天然纤维无害化

天然纤维依然是服装面料的主要纤维，但其种植过程中大量使用农药、除草剂、化肥等，会引起损害环境和人类健康的问题，需要对它进行无害化处理。这时候基因研究就大派用场了，例如将从天然细菌芽孢杆菌变种中取出的基因植入棉株中，使转变基因后的棉株不再有虫害；在棉株中植入不同颜色的基因，使棉桃在生长过程中具有不同的颜色，成为天然彩色棉，避免了印染对环境的污染，也杜绝了面料上的染料及残留化学品对人体皮肤造成的伤害。

麻纤维在种植期间无需杀虫剂和肥料，且具有抗霉抑菌、防臭防腐、坚牢耐用的特点，服用性能良好，可谓绿色环保材料。

（2）纤维功能化、智能化

化纤作为人造的高分子聚合物，在生产过程中可以预先设计其功能性。例如，可添加银、氧化锌等具有杀菌消毒作用的微粒抗菌剂，使其具有抗菌保健功能。添加矿物微粉或陶瓷粉末，使其具有低辐射功能或远红外辐射功能，可有效地减少阳光中紫外线对人的伤害，或在常温下吸收人体及周围环境散发的热量产生远外线，辐射到人体皮下组织，产生热效应，达到促进人体细胞新陈代谢的目的。利用微胶囊技术，将多种具有医用疗效的物质通过印染、整理等方式固定在纤维中，使穿着者在穿用过程中随着保健物质的慢慢释放，享受到长期辅助治疗的作用。这样做显然比改造天然纤维更容易、更经济，而且效果更显著。此外，一些化纤自身由于高聚物的特性和特点也带有功能性。例如，腈纶的大分子结构非常稳定，有耐紫外线辐射的本领，加上腈纶采用阳离子染色，不仅色彩鲜艳，而且耐晒牢度极高，于是人们把腈纶织物用作遮阳类产品；锦纶的耐磨性使它广泛用于运动服装；对位芳纶的高强性使它用于防弹服；氯纶和异对位芳纶的耐高温特性使它们被广泛用作阻燃产品。

（3）特种纤维实用化

不锈钢纤维具有永久的防静电和抗菌功能，当不锈钢含量达到 25% 以上时，就有雷达可探性能，因而可在野外、海上等运动和作业环境中应用。

活性炭纤维能吸收气味，可用于制作防化兵和医务工作者以及化工人员的防护服，用碳纤维和 Kevlar 纤维混纺制成的防护服，能使人在较短时间内进入火焰而对人体有充分的保护作用。

2.6.2 特殊用途的“衣服”

（1）美白衣服——防晒衣

炎炎夏日来临，防晒衣是夏季热门服装品种，各大商场及服装批发市场都有销售，价格也从几十元到几百元不等，着实令消费者眼花缭乱。不少防晒衣，在宣传中声称能够防止太阳紫外线的直接照射，避免人皮肤变黑，如图 2-12 所示。

图 2-12　防晒衣

防晒衣于 2007 年在美国首先开始流行，随后进入中国。开始大多应用于户外产品当中，在普通服装中的应用还比较少，之后受到了众多女性的青睐。它和普通的衣服区别在哪？它的防晒原理是什么？防晒衣应该怎么选？

1）日晒对皮肤的伤害

日晒对皮肤的伤害主要由紫外线引起，根据波长，紫外线可分为长波黑斑效应紫外线（UVA）、中波红斑效应紫外线（UVB）和短波灭菌紫外线（UVC），它们能力不同。UVC 基本都被臭氧等吸收干净了，几乎到达不了地面，可以忽略不计。UVB，俗称“晒红段”，它是皮肤晒伤、晒红的元凶，杀伤效果迅速而且明显。好在它穿透力一般，玻璃、遮阳伞、帽子和长袖的衣服，就可以阻挡部分 UVB。UVA、UVB 对皮肤的伤害，如图 2–13 所示。

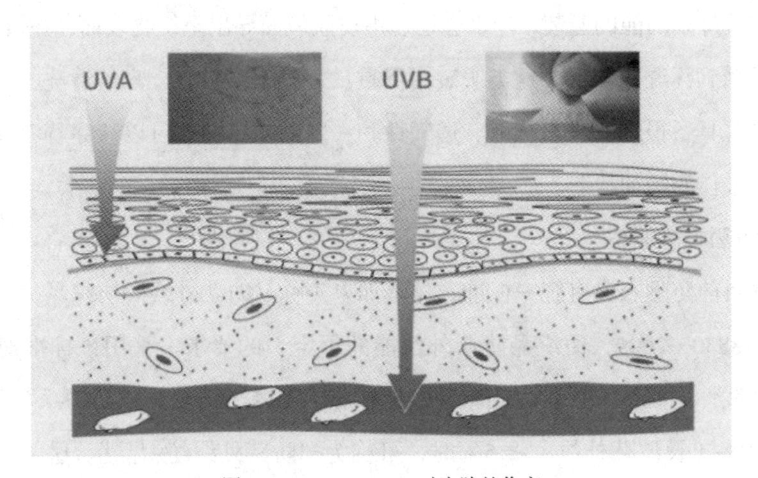

图 2–13　UVA、UVB 对皮肤的伤害

而真正使人变黑的是 UVA，俗称“晒黑段”，既能让人变黑，也可以直达皮肤的真皮层，破坏胶原蛋白、弹力纤维，让皮肤老化。更糟糕的是，UVA 的穿透力很强，即便阴天下雨，它也可以穿过云层到达地面，除非是撑着质量可靠的防紫外线遮阳伞，一般的遮阳伞、帽子也不能完全挡住它。涂些含钛白粉的防晒化妆品也是不错的选择，可以为人带来第二防护屏障。

所以，通俗地讲，防晒，防的是紫外线，UVA、UVB 就是紫外线的两段波长。UVA 导致“越晒越黑”，UVB 导致“越晒越红”。UVA：伤害肌肤表层，肌肤会被晒黑，易老化、长斑、长皱纹。UVB：损害真皮层，穿透力强，使肌肤晒红、脱皮、晒伤。

2）防晒衣的作用原理

防晒衣的主要作用是防止太阳紫外线的直接照射，防晒衣的作用和遮阳伞是一样的，使皮肤免受太阳照射而变黑。防晒衣最大的特点就是半透明，穿起来凉爽又能防晒。

防晒服装一般分为三种：一种是彩色棉织物衣服，青色、红色、蓝色、绿色这样鲜艳的彩色对紫外线的隔离率最大。第二种是防晒布料服装，这种服装的生产原理十分简单，其实就是在布料当中加入防晒助剂，如有特殊需要再将布料进行厚整理制造出来的，所谓厚整理就是将布料织的密度更大一些。第三种是特殊面料衣服，比如银色反光材料制成的服装。

特制的“防紫外线衣”能有效防止紫外线对皮肤的侵害。在炎热的季节人体穿上具有防紫外线功能的服装，汗水会迅速由皮肤表面导出至织物表面，并很快干燥，使人不再受到汗湿的困扰。这类服装由于重量轻、手感柔软、容易清洗、穿着轻松舒适，并且具备很强的吸水能力、透气性和一定的防风性，可以让穿着者在户外活动中保持最佳的运动状态。

3）防晒衣标准

尽管目前防晒衣没有统一标准，但是如果声称是防紫外线的纺织品，则必须符合 GB/T 18830—2009《纺织品防紫外性能的评定》的要求。采用该标准对产品进行防紫外线性能测试和评价，当紫外线防护指数 UPF（即紫外线防护系数）> 40，UVA 透射率（长波紫外线）$< 5\%$ 时，可称为“防紫外线纺织品”。这两个条件缺一不可。这是衡量一种产品是不是“防紫外线产品”的指标。

防紫外线产品应该在标签上标有以下三个方面的内容：本标准的编号，即 GB/T 18830—2009；UPF 值：40+ 或者 50+；长期使用以及在拉伸或者潮湿的情况下，该产品所提供的防护性能可能减少。正规的防晒面料制成的服装，都会在其衣服标牌上标有明确的紫外线防护系数。

4）布料防晒

普通布料的防晒效果优于任何防晒霜，而防晒布料的防晒效果又优于普通布料。影响紫外线防护性能的因素有很多，包括：纤维原料种类，纱线表面形态及结构，织物组织结构，面料织造紧密度，面料颜色，紫外线屏蔽剂的种类、添加量、加入

方式，等等。选择防晒衣时除了上述的防晒标准看吊牌以外，不同材质的防晒衣怎么选？有何区别？

① 棉织物材质的防晒衣：

棉织物材质的防晒衣一般具有非常鲜艳亮眼的颜色，这些鲜艳的颜色对紫外线能够产生比较好的隔离作用，减少皮肤对紫外线的吸收。一般常见的彩色有青色、红色、蓝色、绿色，等等。

② 防晒涂层的防晒衣：

有的防晒衣会在衣服内侧涂抹上一层防晒涂层，一般有银色的反光涂层以及黑色的反光涂层。这类防晒衣能够帮助隔离 95% 的紫外线光。但是此类防晒衣浸水或洗涤几次后，防晒效果会减弱直至消失。

③ 聚酯纤维材料的防晒衣：

聚酯纤维材料的防晒衣是比较好的。特别是在聚酯纤维面料中加入了防晒助剂的防紫外线布料，在衣服的里层涂抹了一层防晒涂层，就像太阳伞一样。这样就能增加防晒衣对于紫外线和阳光的散射和直射的效果，不让紫外线透过防晒衣损害人体皮肤，但是此类防晒衣浸水或洗涤几次后，防晒效果会减弱直至消失。

④ 化纤材料的防晒衣：

我们经常看到的薄薄的半透明防晒衣多是使用经过抗紫外线处理的多微孔纤维织成的，不但能够起到防晒的效果，而且多微孔构造也增加了布料的吸湿排汗性，更适合在炎热的环境中穿着。这类防晒衣多是化纤产品，比如涤纶、腈纶、锦纶等。

化纤材料的防晒衣的生产有两种途径，一种是共聚纺丝法，先将紫外线吸收剂与成纤高聚物的单体进行共聚，然后制成具有抗紫外线功能的聚合物，再采用常规的纺丝方法制成抗紫外线纤维。此方法主要用于生产具有抗紫外线功能的聚酯类合成纤维。另一种方法是共混纺丝法，共混纺丝可分为直接共混纺丝和切片共混纺丝。对于直接法纺丝的化纤品种，抗紫外线整理剂的加入可采用两种途径，既可以在纺丝流体（纺丝熔体或纺丝溶液）中加入，也可以在聚合体中加入。如果采用熔融纺丝，则特别要注意抗紫外整理剂的耐热性。一般而言无机类抗紫外线整理剂的耐热性更好，而有机类抗紫外线整理剂则稍差一点。对于切片法纺丝的化纤品种，则要求将

抗紫外线整理剂制成母粒，采用母粒与切片共混纺丝。

⑤防晒陶瓷纤维与聚酯纤维结合的防晒衣：

使用防晒陶瓷纤维与聚酯纤维结合的防晒衣属于比较高档的防晒衣，其增加了衣服表面对紫外线的反射和散射作用，防止紫外线透过织物损害人体皮肤。此类防晒衣受浸水和洗涤的影响较小，防晒功能可以保持长久。这种复合纤维的防晒衣是采用的复合纺丝法。复合纺丝法所得复合纤维一般为皮芯结构，其芯层含有抗紫外线整理剂，皮层为常规聚合物材料。由于具有皮芯结构，抗紫外线整理剂分布在纤维的芯层，与共混法相比可以减少抗紫外线整理剂的添加量，如可乐丽公司生产的埃斯莫长纤，以普通聚酯为皮层，含陶瓷微粉的聚酯为芯层。

除后整理植入法外，其他均属于纺丝法生产抗紫外线纤维，该类方法的优点是能够将抗紫外线整理剂均匀分布在纤维中，纤维的抗紫外线功能持久稳定。通过纺丝法加工抗紫外线纤维，要求纺丝工艺不会使抗紫外线整理剂发生分解、升华等不良反应；而且采用的抗紫外线整理剂必须对人体安全无害，与纤维有较好的相容性，对纤维的性能（包括强度、透明度和染色性能等各项物理和化学指标）无严重影响。

（2）最“贵”“重”的“衣服”——宇航服

北京时间 2021 年 6 月 17 日 9 时 22 分，长征二号 F 遥十二运载火箭托举神舟十二号载人飞船将聂海胜、刘伯明、汤洪波 3 名宇航员送入太空，他们进行太空飞行必须穿着宇航服。你知道宇航服是用什么材料制作的？多“贵”“重”吗？

宇航服是选用特殊材料、特殊工艺，经过特殊加工和特殊技术制成的，是世界上最“贵”“重”的“服装”，造价可达上千万美元。它也是高科技领域的尖端技术代表，是保障航天员生命安全的最重要的个人救生设备。

宇航服一般由压力舱、头盔、手套和靴子组成，其结构可分为软式、硬式和软硬混合式。按功能分，宇航服可分为舱内宇航服和舱外宇航服两大类。

舱外宇航服的面料采用高级混合纤维，具有高强度、耐高温、抗撞击和防辐射的特性。它能够供给氧气，自带特制的抵御低温的蓄电池。它背上有一个生态包，许多设备隐身其中。与舱内宇航服相比，多了防护层、液冷层和真空隔热层。

舱内宇航服从外到内分别是限制层、气密层和散湿层。限制层由耐高温、抗磨

损材料制成，用来保护服装内层结构，保证航天员穿着舒适合体；气密层由涂有丁基或氯丁橡胶的织物制成，防止服装加压后气体泄漏；散湿层与内衣裤连在一起，有许多管道，采用抽风或通风将气流送往头部，然后向四肢躯干流动，经肢体排风口汇集到总出口排出，带走人体代谢产生的热量。

2008 年 9 月 27 日，神舟七号航天员翟志刚成功进行太空行走，中国研制的第一套舱外宇航服第一次在距地球 300 多公里的茫茫太空“亮相”。这套“飞天”宇航服躯干壳体为铝合金薄壁硬体结构，壁厚仅 1.5mm，却有极高的强度要求。抗压能力超过 120kPa，经得起地面运输、火箭发射时的震动，还要连接服装的各个部位，承受整套服装 120kg 的重量。服装的气液控制台，可自动控制气体、液体流动，使航天员得到适宜的空气和温度。航天服最外层的防护材料、面料可耐受正负 100℃以上的温差变化。服装携带的氧气瓶，采用复合压力，既保证安全又能带尽可能多的氧气。一套舱外航天服相当于一个独立的载人航天器。

（3）避火神衣消防服

古典小说《西游记》中讲到，唐僧身上的袈裟是一件烈火不侵的宝衣。时至今日，神话已经变成了现实，五花八门、千姿百态的阻燃织物如雨后春笋般涌现出来。

消防服是保护消防人员人身安全的重要装备之一，消防服衣料通常由防火表层、隔水层、隔热层和阻燃舒适里料组成。防火层通常由阻燃纤维织物（多为 Nomex、Kevlar、PBI、Matrix 等纤维）与真空镀铝膜的复合材料制作而成，不含石棉，具有密度小、强度高、阻燃、耐高温、抗热辐射、防水、耐磨、耐折、对人体无害等优点，能有效地保障消防人员、高温场所作业人员接近热源而不被酷热、火焰、蒸气灼伤。中间隔水透气层为基布与不同膜结构材料复合而成，常用聚四氟乙烯微孔膜。内层多用芳纶或与其他阻燃材料制成混合毡，起到隔热、柔软的作用。

（4）防弹衣是用什么材料制成的

1945 年 6 月，美军研制成功铝合金与高强尼龙组合的防弹背心，型号为 M12 步兵防弹衣。其中的尼龙－66（学名聚酰胺 66 纤维）是当时发明不久的合成纤维，其强度几乎是棉纤维的 2 倍。以尼龙为原料的防弹衣能为士兵提供一定程度的保护，但体积较大，重量也高达 6kg。20 世纪 70 年代初，美国杜邦公司研制成功一种具有超高强度、超高模量、耐高温的合成纤维维——凯芙拉（Kevlar），这是一种芳香

族聚酰胺纤维（简称“芳纶”），很快就在防弹领域得到了应用。新防弹衣以 Kevlar 纤维织物为主体材料，以防弹尼龙布作封套，防弹性能大为提高，同时质地较为柔软，适体性好，穿着也较为舒适。随后 Kevlar 在各国军队的防弹衣中得到了广泛的应用，并不断更新换代。

Spectra 纤维是一种超高分子量聚乙烯纤维，重量轻盈，可在水上漂浮，然而在同等重量情况下其强度却比钢材要高 15 倍。凭借霍尼韦尔独有的 Shield 专利技术，将一根根平行并排的合成纤维丝通过树脂系统固定联结起来，然后将多层此类材料以直角形式交叉层叠，并采用热压工艺融合成复合结构，从而使得该材料可以更有效地阻止射弹，同时射弹的冲击能量也可以沿着纤维的方向快速消散。Spectra Shiedl 材料的应用大大提升了防弹板的防弹性能，因而使得供应商可以设计出穿戴更加舒适的产品。

Kevlar 和 Spectra 纤维的出现及其在防弹衣上的应用，使以高性能纺织纤维为特征的软体防弹衣逐渐盛行。

现在，英国布里斯托尔国防航空业巨头 BAE 系统公司的一个科学家小组正在开发一种创新技术，与 Kevlar 纤维结合制造出液体防弹衣。其组成简单地说有三层：第一层和第三层是 Kevlar 纤维，第二层是特殊液体——剪切增稠液（STF），该物质含有大量悬浮在无毒聚乙烯醇流体中的硬质纳米级硅胶微粒。正常情况下 STF 就像其他液体一样，很柔软，可以变形。一旦弹片或弹头撞击到它，这种液体瞬间凝结成块，形成固定结构，吸收撞击在它表面的弹片产生的冲击力，阻止弹体穿过，从而保护穿着者的生命安全。变硬只是几毫秒内的事，很快，这件防弹衣又变得柔韧了。

2.7 未来我们穿什么

每次看好莱坞科幻大片，都能找到一些未来服装的变化趋势，也会让人不由联想到未来的服装会变成什么样子。美国一位资深的纺织品研发专家说过，未来纺织品将有两种趋势：一种是越来越质朴、回归天然；另一种是越来越“智能化”和“高科技化”。

随着现代人生活质量的提高，人们对自己的穿着要求也越来越高，不再限于服装的造型、款式，更注重服装的面料是否舒适，是否环保。因此，低碳环保是未来服装面料的发展趋势，绿色纺织品和生态服装所打造的“绿色服装”前景光明。

另外，服装是现代科技进步的载体。当今世界科学技术迅猛发展，高新技术和信息技术的发展将改变和提升传统的服装功能，服装智能化是大势所趋。

2.7.1　新型纤维开发打造绿色面料

生态服装设计的兴起，必然推动现代服装进入一个以材质取胜的时代，采用新型纤维开发的面料可以极大提高服装的附加值。

（1）原生竹纤维面料

竹纤维由竹子经粉碎后采用水解、碱处理及多段式的漂白，精制成浆粕，再将不溶性的浆粕予以变性，转变为可溶性黏胶纤维用的竹浆粕，再经过黏胶抽丝制成。竹纤维具有良好的韧性，也具有良好的稳定性，并且防缩水、防皱褶与抗起球，同时不会造成过敏，自然环保。

（2）虾麟壳面料

日本专家新近研制出一种新型的衣料，该衣料具有透气透汗、爽身等多种功能。它是将虾、蟹加工后的剩余产品——环己二醇进行压制、混纺而制成的。

（3）大豆蛋白纤维面料

主要原料来自于大豆豆粕，由我国率先自主开发、研制成功。该纤维单丝纤度细、密度小、强伸度高、耐酸碱性好。用它纺织成的面料，具有羊绒般的手感、蚕丝般的柔和光泽，兼有羊毛的保暖性、棉纤维的吸湿和导湿性，穿着十分舒适，而且能使成本下降 30%~40%。

（4）霉菌丝面料

英国科学家发明了一种新的织布方法，即把霉菌的菌丝体经人工培育繁殖制成一种新型的无纺织物。这种无纺织物的面料柔软而轻薄。

（5）菠萝叶纤维面料

日本把菠萝叶纤维浸入特殊油脂予以改质，织成了纯菠萝叶纤维的春夏服装衣料。菠萝叶纤维比绢丝还要细 3/4，因此，用它织成的布料轻薄柔软，其服装穿着舒适。

（6）海藻纤维面料

海藻具有保湿特点，并含有钙、镁等矿物质和维生素 A、E、C 等成分，对皮肤有美容效果。利用海藻内含有的碳水化合物、蛋白质、脂肪、纤维素和丰富矿物质等优点所开发出的纤维，是在纺丝溶液中加入研磨得很细的海藻粉末予以抽丝而成的。

2.7.2 智能服装大行其道

想过未来穿在我们身上的会是什么样的衣服吗？美国科技媒体预测，未来的服装将成为真正的“多功能便携式高科技产品”，也许那个时候，挂在你衣柜里的那些东西与其说是衣服，还不如说是计算机、发电机、监测仪或其他什么东西。因为，在未来，越来越多的高科技元素将融入普通服装中，衣服将不再是只起保暖和美观作用的覆盖物，它还将是人们生活和工作的助手，甚至可以帮助人们在极其复杂和恶劣的环境下维持生存。一件衣服能同时播放音乐、视频，调节温度，能够读出人体心跳和呼吸频率，能够显示文字与图像，甚至上网冲浪等。人们出门不再需要带手机、iPad，因为它们“穿”在了衣服上。

可以说，未来纺织品必然是越来越“智能化”和“高科技化”。当更多的高新科技融入服装面料后，各种具有新奇功能的服装也从幻想走入我们的现实生活中。未来我们极有可能将穿上下面的衣服！

（1）会发光的衣服

科思创公司在 2016 年 K 展（塑料行业展）中展出一件发光的衣服。LED 灯管使其显得与众不同，而灯光同样也发挥了关键作用，比如保护行人和骑行者以避免发生交通事故。这件衣服的独特之处在于：发光二极管并非安装在板材或带材上，而是定位在一块柔软的面料上。

该电子系统包含一块可变形的薄膜材料，即科思创提供的热塑性聚氨酯（TPU）。热塑性聚氨酯是铜制印刷电路的基材，因其弯曲的形态，所以可被弯折和拉伸。

智能电路运用有效多级的工艺进行生产。首先，采用层压工艺将铜膜覆在聚氨酯薄膜上，随后在结构操作中生产出具有高效粘贴功能的印刷电路。然后用传统热塑工艺改变涂层薄膜的形状。科思创薄膜专家 Wolfgang Stenbeck 说：“这种薄膜可耐标准蚀刻和雕刻。可成型的电子系统也可直接被层压于纺织品上，制成发光衣服。”这种生产技术是欧盟委员会赞助开发的多个项目之一。

科思创展示的这件发光衣服，LED 不是安装在板材上，而是可成型的热塑性聚氨酯薄膜（TPU）上。可成型电子系统可直接层压在纺织品上，制成发光衣服。可以清楚地看到，弯弯曲曲的铜制印刷电路能够弯曲、拉抻变形。它们可与节能元件完美结合，也可采用标准印刷电路板设备制造。

（2）谷歌推出“可穿戴”布料 Project Jacquard

2016 年 5 月底，谷歌推出“可穿戴”布料 Project Jacquard，并敲定了上市日期：2017 年春天，嵌入 Jacquard 技术的外套就在 Levi's 专卖店中出售，价格在 148~178 美元。

Jacquard 的核心技术是由传导线编织而成的布料，这种布料能够作为触控屏使用。这是一种使用老式纺织制造工艺将触摸屏织入传统面料的新方法。谷歌的纱线具有导电金属芯，可与常规纤维混合并且可以被染成任何颜色。

触控屏的电量由连接到袖口的小型电路线圈提供，并可以通过 USB 接口充电。谷歌设计师们将这些加密锁设计成衣服上其他纽扣的样子，尽管这些“纽扣”目前看起来比正常的纽扣要厚一些。但这些特殊的“纽扣”内嵌了能根据你正在做的事变换颜色的 LED 灯。

Levi's 推出的嵌入 Jacquard 技术外套的一个袖子边缘就是用一大片此类布料组成的。Project Jacquard 的主管 Ivan Poupyrev 称，他的团队正在努力让 Jacquard 触感尽可能接近真实的衣服。

最后通过手机 App 应用，你就能设置相应的手势对应的动作了，你可以设置点击一下袖子上的触控屏就能接听电话，横扫一下触控屏就能查看天气等。穿上这件“智能外套”后，就可以通过衣服来直接控制自己的手机，在袖子上直接播放音乐、显示地图等。目前，Jacquard 仅支持设置 8 种手势来控制各种 Jacquad 支持的功能。

专家预测，随着技术的不断突破，可穿戴技术将无声无息、毫无违和感地融入人们的生活中。

（3）调温服装：穿在身上的“空调”

利用“太空宇航技术”开发出的相变调温纤维，能根据冷暖产生双向变化，可用来生产出“冬暖夏凉”的调温服装。这种会放热吸热、调温的材料，专业名称叫作“相变材料”，材料本身能够吸收和释放热量，而且在吸热和放热的过程中，材料本身还会“变身”。“变身”的过程很有意思，在正常体温状态下，该材料固态与液态并存。当外界温度高于30℃时，相变材料开始吸收热量，从固态变成液态，并将热量“储存”起来，这时衣服内的温度开始降低，穿衣服的人也不会再觉得热。而当冬季人们走到寒冷的室外，外界温度低于20℃时，材料又从液态变成固态，放出热量，从而减缓人体体表温度的变化，保持舒适感。

科学测试表明，人体感觉最舒适的皮肤温度为33.4℃。如果身体任何部位的皮肤温度与最舒适皮肤温度之间的温差在1.5~3.0℃范围内，人体就会感觉不冷不热，但如果这个温差超过4.5℃，人体将有冷或热的感觉。而用这种特殊材料制作的衣服，能够保证把这个温差控制在3℃左右，所以会让穿着的人感到非常舒适。

这些相变材料被放进成千上万个直径只有1μm、用聚合物树脂做成的“微胶囊”里面，再掺入普通服装纤维里制成调温纤维，用这样的纤维织成面料做成的衣服就有调温功能了。微胶囊的质地很坚韧，无论是外界升温降温还是受到一定程度的挤压都不会出现破裂。1μm的尺寸只有在显微镜下才能看得到，用手摸根本不会感受到布料中微胶囊的存在。

除了“微胶囊”技术之外，现在还研发出一种“相变材料复合纺织”技术，这项技术不必先将相变材料制成“微胶囊”，而是在纺丝技术上做起“手脚”：一根细细的丝线中间有一个芯层，芯层中包裹着“相变材料”，而芯层之外则是普通的织物纤维，这样一来，不但减少了制作“微胶囊”的工艺程序，提高了生产效率，还能降低成本，让调温服装成为老百姓买得起的衣服。

调温材料的应用可谓前景广阔，它可以与棉、麻、毛、丝等各类材料进行混纺，目前已经成功应用于宇航服、消防服的保温层材料等特殊制造领域。此外，它还能应用于红外线伪装服的制造，衣服表面的温度可以降到红外线仪器无法感知的地步，于是，穿着这种伪装服的士兵可以变成仪器探测不到的“隐形人”。而在民用服装方面，调温材料也可以应用于很多领域，比如服装的调温内衬，还有内衣裤、帽子、手套等。

（4）可“记忆形状”的服装

意大利人毛罗·塔利亚尼设计出一款具有“形态记忆功能”特性的衬衫。当外界气温偏高时，衬衫的袖子会在几秒钟之内自动从手腕卷到肘部；当温度降低时，袖子能自动复原。同时，当人体出汗时，衣服也能改变形态。这种具有"形态记忆功能"的奥秘就在于衬衫面料中加入了镍钛记忆合金材料。应用形状记忆面料剪裁的衣服还具有超强的抗皱能力，不论如何揉压，都能在30s内恢复挺括的原状，使人再也不用为皱巴巴的衣服烦恼了。

（5）将抗静电进行到底的服装

写字楼里的干燥空气，常常使我们面临被静电"偷袭"的烦恼。具有抗静电功能是高科技服装面料的又一特色。将导电高分子材料复合到传统的纺织面料中，可以制成具有良好的抗静电、电磁屏蔽效果的面料。例如以聚苯胺为导电剂，把它制成具有优异导电性能的复合导电纤维，可与普通合成纤维交织制成聚苯胺复合抗静电面料，用于制作抗静电工作服；为了孕妇、儿童的安全，也可用作电磁波屏蔽保护服。只要穿上这种面料的衣服，不管到什么地方，都可以防止静电的侵扰，并有效地屏蔽电磁波对人体的侵害。

此外，运用最新生物技术、纳米技术和微波技术，未来的各种超级织物更有着让你想象不到的特殊功能。比如,只需穿上一件含有特殊化学成分的纤维制成的"防蚊服"，便可以"百毒不侵"了，无论什么样的蚊虫，只要接触到这件衣服便会晕死过去。这样，野外露营的时候，你再也不用担心烦人的蚊虫了。再如，一家美国公司把陶瓷纤维同合成纤维结合起来制成了防晒服，这种衣服夏天防晒的效率是普通衣服的两倍，同时它还能把有害紫外线反射出去，而陶瓷纤维又能阻止保温的红外线逃逸。

美国空军科学家利用微波技术，将纳米大小的粒子附着在纤维上，制成具有自我清洁功能的纤维。这些纳米粒子不仅防水、防油还能抗菌。用这种纤维制成的免清洗服装，可以让穿过几个星期都没洗的衣服依然光洁如新。

总之，各种各样的未来服装让人目不暇接，浮想联翩。相信随着科技的发展，还会有越来越多的、神奇的、具有特殊功能的新型服装面世，将为我们带来更美好、更健康的生活。

附 1　扫一扫·发现更多精彩

（1）神奇的超细纤维：重量 5g 就可以从地球拉到月球

（2）防疫服中的高分子材料

（3）告诉你一个秘密：宝宝的纸尿裤姓高（分子），不姓纸

附2　参考文献

［1］王兵. 分子构造的世界：高分子发现的故事［M］. 吉林：吉林科学技术出版社，2012.

［2］董炎明. 奇妙的高分子世界［M］. 北京：化学工业出版社，2012.

［3］张大省，周静宜. 图解纤维材料［M］. 北京：中国纺织出版社，2015.

［4］杨元一. 身边的化工［M］. 北京：化学工业出版社，2018.

［5］奥妙化学编委会. 奥妙化学［M］. 北京：科学出版社，2018.

［6］朱平. 功能纤维及功能纺织品［M］. 北京：中国纺织出版社，2016.

第三讲　高分子与“食”

“民以食为天”，人们为了维持生命与健康，保证正常的生长发育和从事各项劳动，每天必须从食物中摄取一定数量的营养物质。众所周知，食品的包装是食品的重要组成部分，它不仅在运输过程中起保护的作用，而且直接关系到产品的综合品质。琳琅满目的食品包装与高分子有什么关系？它们有什么特点？如何选择高分子包装材料？下面我们逐一介绍。

3.1　包装材料的“秘史”

GB/T 4122.1—2008《包装术语　第1部分：基础》中，对包装的定义为“为在流通过程中保护商品，方便贮运，促进销售，按一定的技术方法而采用的容器、材料及辅助物等的总体名称。也指为了达到上述目的而采用容器、材料及辅助物的过程中施加一定方法等的操作活动”。食品包装作为一类特殊的包装，在保证食品原有价值和状态的过程中，起到越来越重要的作用。下面让我们一起探究国内外包装材料的“秘史”吧。

从原始社会到中古时期，世界包装的发展经历了漫长的时代，从打制石器发展到磨制石器，再发展到陶器。陶器的发明大约在公元前8000~2000年。不透明的有色玻璃最早产生于公元前2500年，约公元前700年起，玻璃瓶传入地中海地区，法老王朝时期玻璃制造技术传入希腊，使希腊工匠发明了吹制玻璃容器的技术。古希腊是铁器出现较早的地区，大约在公元前1500年至公元前1200年，传入地中海沿岸以及古埃及、两河流域。在之后漫长的中世纪，国外包装发展非常缓慢，直到公元1400年欧洲才开始出现活版印刷，1495年英国建成造纸厂。1609年美国建成玻璃瓶厂，到19世纪，人造包装材料不断代替天然包装材料，机制包装产品不断代替手工业包装产品，为现代包装的发展奠定了坚实的基础。1795年在法国首次出现用玻璃瓶封装加热食品后，玻璃瓶罐头、马铁罐头和冷冻食品包装相继获得专利。19 世纪末 20 世纪初，塑料问世，标志着商品包装进入现代化阶段。

中国是世界上最早产生传统包装工业与包装科技的国家。中国传统包装工业的产生，可以追溯到一万年前左右的原始社会后期。考古学证明当时的中国先民已制造陶质包装容器，开创了人类生产人造包装材料与包装容器的新纪元。古埃及的玻璃工艺也是从中国的釉料工艺中发展起来的，人造包装材料的第二大发明是中国人发明的纸。与包装工业有关的第三项伟大发明是印刷术，印刷术发明于中国。考古证实中国不仅是活字印刷、雕版印刷的发祥地，也是彩色套印技术的发祥地。远古时代，我们的祖先由简单利用植物叶、枝条、兽皮包裹物品发展到使用编制筐、篮等来储物；新石器时期产生陶器；商周时期纺织和青铜器等手工业生产非常发达；战国、秦汉时期社会百业、百艺的兴盛，使得包装技术得到了长足的发展；唐朝统治阶层崇尚金银，因而出现了大量造型别致、纹饰精巧的金银器包装，纸的用途已由最初的书写发展到食物、茶叶及中草药的包装上，茶叶的包装纸被称为“茶衫子”。

汉代，海陆交通发达，对外贸易远达中亚、欧洲。东汉时蔡伦发明了纸，纸包装遍布各种商品。各种精美的纸张用来包装茶叶、药品、食品等。明清两代，工商业更加繁荣，资本主义萌芽产生，人们的商品意识增强，推销商品、扩大市场的积极性很高，商品包装日益精美。随着现代科技的发展，目前各种塑料制作的包装纸、袋、箱、盒充斥整个商品领域。

改革开放 30 多年来，中国包装行业的发展取得了辉煌的成就，进入 21 世纪，中国包装行业在全体包装工程技术人员的共同努力下，中国逐步成为包装大国。

食品包装可以说是整个包装体系中最复杂、最多样的包装。食品包装的分类一般按照材料、容器等进行分类。《食品包装容器及材料分类》（GB/T 23509—2009）将食品包装按照材料分为塑料包装材料、纸包装材料、金属包装材料、复合包装材料四大类。其中塑料包装材料按形态可分为塑料膜、塑料片；纸包装材料按材料可分为纸张和纸板；复合包装材料按材质可分为纸 / 塑复合材料、铝 / 塑复合材料、纸 / 铝 / 塑复合材料、纸 / 纸复合材料和塑 / 塑复合材料等。

食品包装容器分为塑料包装容器、纸包装容器、玻璃包装容器、金属包装容器、陶瓷包装容器、复合包装容器和其他包装容器七大类。塑料包装容器按形态可分为

塑料箱、塑料袋、塑料杯、塑料盘、塑料盒、塑料罐、塑料桶、塑料盆、塑料碗、塑料筐、塑料易拉罐等；纸包装容器按照形态和功能可以分为纸袋、纸箱、纸碗、纸杯、纸罐、纸餐具、纸浆模塑制品等；玻璃包装容器按容器形状分为玻璃瓶、玻璃罐、玻璃碗、玻璃盘、玻璃缸等；陶瓷包装容器按容器形状可分为陶瓷瓶、陶瓷罐、陶瓷缸、陶瓷坛、陶瓷盘、陶瓷碗等，按照材料分为陶器、瓷器等；金属包装容器按照材料可分为铝制、钢制等金属容器，按照形状可分为金属罐、金属桶、金属盒、金属碗、金属盆等；复合包装容器按材料可分为纸 / 塑复合容器、铝 / 塑复合材料容器、纸 / 铝 / 塑复合材料容器；其他包装容器还包括木质包装容器、竹材包装容器、搪瓷包装容器和纤维包装容器。

在四大食品包装材料中纸包装材料、塑料包装材料属于高分子包装材料，分别以纤维素纤维、树脂为原料制成高分子包装材料，具备保护、方便和传递三个基本功能，其种类繁多、性能各异。因此，只有了解了各种包装材料和容器的包装性能，才能根据包装食品的防护要求选择既能保护食品风味和质量，又能体现其商品价值，并使综合包装成本合理的包装材料。例如，需高温杀菌的食品应选用耐高温包装材料，而低温冷藏食品则应选用耐低温的包装材料。

3.2 泡面的包装——纸碗

纸是以纤维素纤维为原料所制成材料的通称，是一种古老而又传统的包装材料。自从中国发明了造纸术以后，纸不仅带来了文化的普及，而且促进了科学技术的发展。在现代包装工业体系中，纸和纸包装容器占有非常重要的地位。某些发达国家纸包装材料占包装材料总量的 40% ~50%，我国占 40%左右。从发展趋势来看，纸包装材料的用量会越来越大。纸类包装材料之所以在包装领域独占鳌头，是因为其具有如下独特的优点：

① 原料来源广泛，成本低廉，品种多样，容易形成大批量生产；

② 加工性能好，便于复合加工且印刷性能优良；

③ 具有一定机械性能，重量较轻，缓冲性好；

④ 卫生安全性好；

⑤ 废弃物可回收利用，无白色污染。

纸作为现代包装材料主要用于制作纸箱、纸盒、纸袋、纸质容器等包装制品，其中瓦楞纸板及其纸箱占据纸类包装材料和制品的主导地位；由多种材料复合而成的复合纸和纸板、特种加工纸已被广泛应用，并将部分取代塑料包装材料在食品包装上的应用，以解决塑料包装所造成的环境污染问题。

食品包装必须选择适宜的包装用纸材料，使其能达到保护包装食品质量完好的要求。市场上出售的琳琅满目的泡面，其包装（纸碗）是由什么材料制作而成的？有什么特点？GB/T 27591—2011《纸碗》规定纸碗由食品包装用纸制作而成，不应使用回收原材料，那食品包装用纸有哪些呢？

3.2.1 食品包装用纸分类

（1）牛皮纸

牛皮纸是用硫酸盐木浆抄制的高级包装用纸，具有高施胶度，因其坚韧结实似牛皮而得名，定量一般在 30~100g/m^2 之间，分 A、B、C 三个等级，可经纸机压光或不压光。根据纸的外观，有单面光、双面光和条纹等品种；有漂白与未漂白之分。多为本色纸，色泽为黄褐色。牛皮纸机械强度高，有良好的耐破度和纵向撕裂度，并富有弹性，抗水性、防潮性和印刷性良好。大量用于食品的销售包装和运输包装，如包装点心、粉末、冰冻食品等食品，因为对于冰冻食品的包装，使用高强度的材料作为包装也是需要考虑的关键，这种材料必须能承受得住低温冰冻和高温融化时的热胀冷缩，防止出现变形、扭曲、打皱以及吸湿过度不能装食物的情况。

（2）羊皮纸

羊皮纸又称植物羊皮纸或硫酸纸，外观与牛皮纸相似。它是用未施胶的高质量化学浆纸，在 15~17℃浸入到 72%硫酸中处理，待表面纤维胶化，即羊皮化后，经洗涤并用 0.1% ~0.4%碳酸钠碱液中和残酸，再用甘油浸渍塑化，形成的质地紧密坚韧的半透明乳白色双面平滑纸张。由于采用硫酸处理而羊皮化，因此也称硫酸纸。应注意羊皮纸呈酸性，对金属制品有腐蚀作用，定量为 45g/m^2、60g/m^2，满足油性食品、冷冻食品、防氧化食品的防护要求，可以用于乳制品、油脂、鱼肉、糖果点心、茶叶等食品的包装。食品羊皮纸的生产工艺如图 3–1 所示。

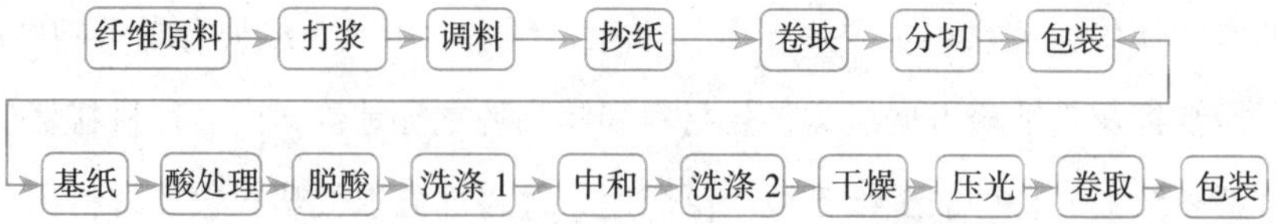

纤维原料→打浆→调料→抄纸→卷取→分切→包装→基纸→酸处理→脱酸→洗涤 1→中和→洗涤 2→干燥→压光→卷取→包装

图 3-1　羊皮纸的生产工艺

（3）鸡皮纸

鸡皮纸是一种单面光的平板薄型包装纸，定量为 40g/m^2，因其不如牛皮纸强韧，故戏称“鸡皮纸”。鸡皮纸纸质坚韧，有较高的耐破度、耐折度和耐水性，有良好的光泽，可供印刷商标和包装食品用。用于食品包装的鸡皮纸，不得使用对人体有危害的化学助剂，并且纸质要均匀、纸面平整、正面光泽良好及无明显外观缺陷。鸡皮纸的生产工艺如图 3-2 所示。

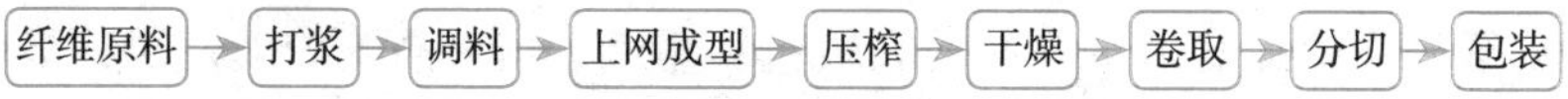

纤维原料→打浆→调料→上网成型→压榨→干燥→卷取→分切→包装

图 3-2　鸡皮纸的生产工艺

（4）茶叶袋滤纸

茶叶袋滤纸（Tea Bag Paper）是专供自动包装机包装袋泡茶的专用包装纸，是一种低定量专用包装纸，用于袋泡茶的包装，要求纤维组织均匀，无折痕皱纹，无异味，具有较大的湿强度和一定的过滤速度，耐沸水冲泡，同时应有适应袋泡茶自动包装机包装的干强度和弹性。

非热封型通常采用全木浆抄造，也有采用木浆和马尼拉麻浆混合抄造的；热封型的纸中含有低熔点的化学纤维如聚丙烯纤维、ES 纤维等。

茶叶袋滤纸国外多用马尼拉麻生产。我国用桑皮纤维经高游离状打浆后抄造，再经树脂处理，也可用合成纤维（即湿式无纺布）制造。非热封型茶叶滤纸的生产工艺如图 3-3 所示。

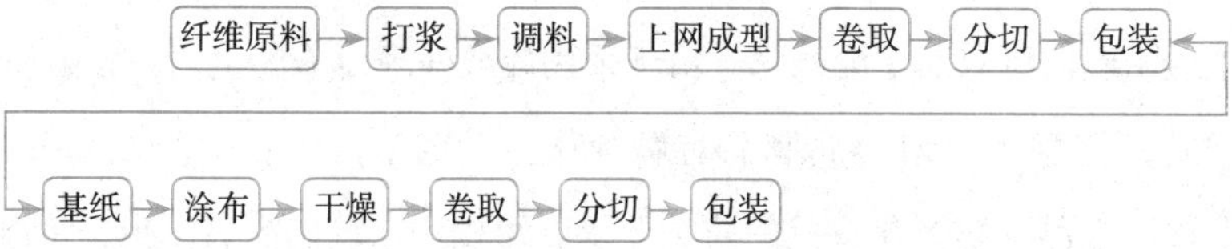

纤维原料→打浆→调料→上网成型→卷取→分切→包装→基纸→涂布→干燥→卷取→分切→包装

图 3-3　非热封型茶叶滤纸的生产工艺

（5）玻璃纸

玻璃纸（Glassine Paper）又称赛璐玢，是一种透明度高并有光泽的再生纤维素薄膜。有平板纸和卷筒纸之分，定量 30~60g/m^2，无色，也可染成各种颜色。纸质柔软、透明光滑，无孔眼，不透气、不透油、不透水，有适度的挺度，具有较好的拉伸强度、光泽性和印刷适性。生产方法与造纸不同，与人造丝工艺相近。采用 α- 纤维素含量高的精制化学木浆或棉短绒溶解浆为原料，经碱化（18% 氢氧化钠）、压榨、粉碎等过程制得碱纤维素，再经老化后加入二硫化碳使之黄化成纤维素黄原酸酯，用氢氧化钠溶液溶解即制成橘黄色的纤维素黏胶。该黏胶在 20~30℃温度下进行熟成处理，并经过滤除去杂质和脱除气泡，然后在拉膜机中由一个狭长的缝隙中挤出，流入硫酸和硫酸钠混合液的凝固浴槽中，形成薄膜（再生纤维素薄膜），再经水洗、脱硫、漂白、脱盐和塑化（甘油和乙二醇等）等处理，最后经干燥制成。用于药品、食品、香烟、纺织品、化妆品、精密仪器等商品的包装。

玻璃纸的透明性使消费者对内装商品一目了然，其分子链结构使其具有微透气性，可以让商品像鸡蛋透过蛋皮上的微孔一样进行“呼吸”，这对商品保鲜和保存活性十分有利；对油性、碱性和有机溶剂有强劲的阻力；不产生静电，不自吸灰尘，又具有防潮、不透水、不透气、可热封等性能，对商品起到良好保护作用，可分为一等品和合格品两个等级，适用于机械高速包装和制袋。玻璃纸有白色，彩色等，可作半透膜。

防潮玻璃纸是在造纸过程中添加具防潮性能的化学药品，如聚乙烯、聚偏二氯乙烯（K 型涂覆）、醋酸乙烯共聚物（MST 型涂覆）等制成，在原有材料性能的基础上添加一定的防潮性能，主要用于中、高档的商品包装，也可用于糖果、糕点、化妆品等商品美化包装及纸盒的开窗包装。

由于防潮玻璃纸源于天然纤维，所以在垃圾中能吸水而被分解，不至于造成环境污染。用聚乙烯和 K 型涂覆的防潮玻璃纸加工工艺不仅污染少、易操作，且成本较低。食品玻璃纸的生产工艺如图 3-4 所示。

（6）食品包装纸

食品包装纸是一大类纸种，若指具体纸的名称，则应冠以该食品的名称，如糖果纸、冰棍纸、软糖果纸、糕点纸等，除此之外，用于包装直接入口食品的纸包装材料都包括在内。在材料形式上包括涂蜡和非涂蜡的纸包装材料、淋膜和非淋膜的纸包装材料、涂塑和非涂塑的纸包装材料。QB/T 1014—2010《食品包装纸》中规定按用途可分为Ⅰ型和Ⅱ型两类，Ⅰ型为糖果包装原纸，为卷筒纸，经印刷上蜡后作为糖果包装和商标用纸，分为一等品和合格品两个等级。Ⅱ型为普通食品包装纸，有两面光和单面光两种，分为一等品和合格品两个等级。

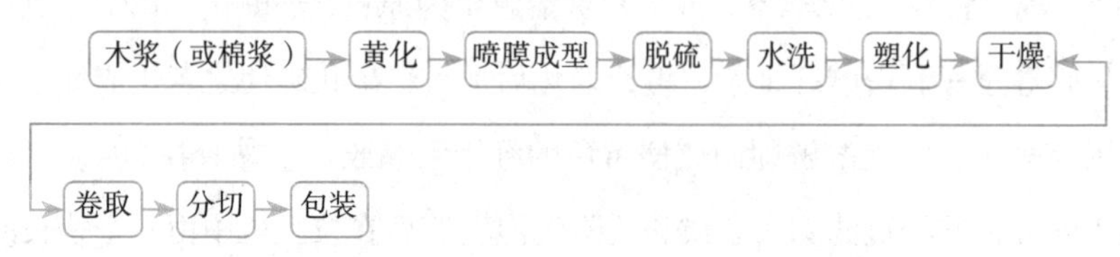

图 3-4　食品玻璃纸的生产工艺

食品包装的好坏直接影响到食品工业产品的质量、档次和市场销售。食品包装虽然不能代表食品的内在质量，但良好的包装可以保证和延长食品的保质期、货架期，优秀的包装可以为产品赢得声誉，成为消费者的优先选择。随着人们生活水平的提高，传统单一的食品包装纸材料已经不能满足多元化的包装要求，纸包装材料正在向复合多元化的方向发展。近年来，在我国软包装生产中，各类复合纸包装材料发展迅猛，尤其是在食品软包装领域几乎占据半壁江山。糖果、饼干、瓜子、食盐等各种食品和牛乳类液态饮料，所用包装大多是复合纸包装材料，其中液体无菌包装作为复合纸包装材料中技术含量较高的一种包装，在我国饮料和牛奶包装市场中的运用越来越广泛。据初步预计，国内液体食品对纸盒包装的需求量已经达到近200 亿只，其中液体食品无菌纸盒的年消耗量已经超过了 150 亿包，占据了全球市场约 10% 的份额，并且预计每年还将以 20%~30% 的速度递增。但是，目前我国自行生产的此类材料所占市场份额并不多，一直依靠国外进口，国内市场还有待进一步开发。

我国的快餐业起步较晚，自 1987 年 4 月美国肯德基快餐连锁店在我国落户，现代快餐的概念才引入我国。但我国快餐业发展迅速，20 多年来，就已呈现出传统与现代、中式与西式、高档与低档快餐竞争与并存的市场格局。随着快餐业的快速发展，快餐食品包装业也取得了长足的进步，快餐纸质包装品的需求量将快速提升。随着快餐食品种类的日益繁多，快餐纸质包装品在应用功能上将会随着科技的进一

步发展更加与之匹配，快餐纸质包装业也将会得到迅速发展。

此外，包装设计合理化及包装整体轻型化，提高包装材料的性能和功能，减少包装材料用量，降低包装成本，采用纸、铝箔、塑料薄膜等制造的复合柔性包装将更高档化和多功能化，微波炉专用托盘的研制开发等都为食品包装纸的发展指明了方向。食品包装纸的生产工艺如图 3-5 所示。

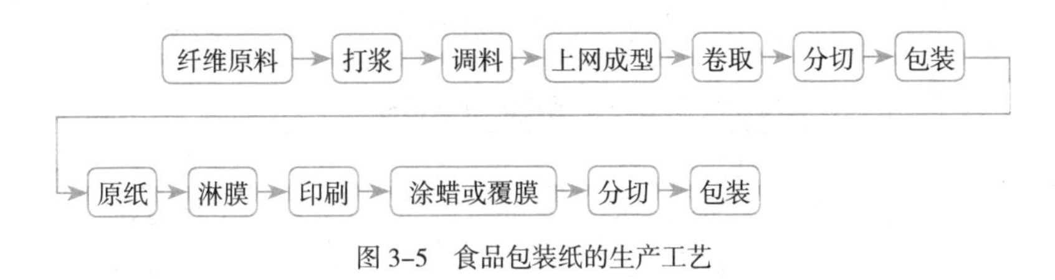

图 3-5 食品包装纸的生产工艺

（7）复合纸

复合纸（Compound paper）是用黏合剂将纸、纸板与其他塑料、铝箔、布等层合起来，而得到的复合加工纸。复合加工纸不仅能改善纸和纸板的外观性能和强度，主要是能提高防水、防潮、耐油、气密保香等性能，同时还会获得热封性、阻光性、耐热性等。常用的复合材料有塑料及塑料薄膜、金属箔等。复合方法有涂布、层合等。

1999 年，我国重新制定了《液体食品复合软包装材料》（QB/T 3531—1999），该标准适用于以原纸、高压低密度聚乙烯、铝箔等为原料经挤压复合而成，专供瑞典利乐公司无菌灌装机包装液体食品的材料。

3.2.2 纸碗的结构及要求

纸碗（方便面碗）是由纸浆模塑制品制作而成的，最内层（即与食品直接接触的纸碗内壁）是一层覆于纸制品上的塑料薄膜，一般为食品级聚乙烯（PE）材质，应符合 GB 4806.7—2016《食品包装用聚乙烯成型品卫生标准》。纸碗第 2 层为纸浆模塑制品应按照纸碗的国家标准 GB/T 27591—2011 不使用回收原材料，荧光性物质要符合 GB 4806.8—2016《食品包装用原纸卫生标准》（见表 3-1）。方便面碗的外层在印刷后涂了一层光油。光油是不含着色物质的一类涂料，主要成分是树脂和溶剂或树脂、油和溶剂。光油涂于物体表面后，形成具有保护、装饰和特殊性能的涂膜。方便面碗外层的光油主要是为了避免油墨与人体直接接触；在方便面碗的最外层，一般有一层塑料薄膜，产品的批号和生产日期等一般打在该层塑料膜上，这层塑料膜主要起到保护产品包装的作用。纸碗的生产工艺如图 3-6 所示。

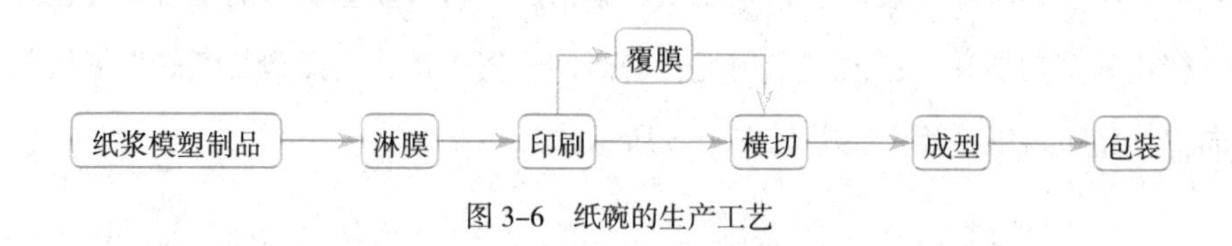

图 3-6　纸碗的生产工艺

表 3-1　纸碗的卫生指标

<table>
<tr><th colspan="3">指标名称</th><th>规定</th></tr>
<tr><td rowspan="5">理化指标</td><td colspan="2">铅（以 Pb 计）</td><td>≤ 5.0mg/kg</td></tr>
<tr><td colspan="2">砷（以 As 计）</td><td>≤ 1.0mg/kg</td></tr>
<tr><td colspan="2">脱色试纸（水、正己烷）</td><td>阴性</td></tr>
<tr><td rowspan="2">荧光物质</td><td>254mm 及 365mm</td><td>合格</td></tr>
<tr><td>亮度</td><td>Rt ≤ 2.0%</td></tr>
<tr><td rowspan="2">卫生标准</td><td colspan="2">大肠菌群</td><td>≤ 30 个 / 100g</td></tr>
<tr><td colspan="2">致病菌</td><td>不得检出</td></tr>
</table>

速食的方便面是先将波纹面干制后油炸，食用时用温水（沸水）浸泡复原即可。包装主要要求防潮、防油脂酸败，一般采用发泡聚苯乙烯（EPS）或 PE 钙塑片材制成的广口塑料碗盛装，再以 Al/PE 封口。近年来，纸浆模塑广口容器包装开始取代 EPS 包装。

纸浆模塑是一种立体造纸技术。它以废纸为原料，在模塑机上由特殊的模具塑造出一定形状的纸制品。它具有四大优势：原料为废纸，包括板纸、废纸箱纸、废白边纸等，来源广泛；其制作过程由制浆、吸附成型、干燥定型等工序完成，对环境无害；可以回收再生利用；体积比发泡塑料小，可重叠，运输方便。纸浆模塑，除作餐盒、餐具外，更多作为工业缓冲包装，目前发展十分迅速。纸浆模塑产品如图 3-7 所示。

（1）原料及特点

纸浆模塑是在真空或加压条件下使纤维均匀分布在模具表面，从而制成湿纸模坯，再进一步脱水脱模，对制品干模整形，制成纸浆模制品的生产技术。工业级的纸浆模塑制品主要以废纸和废纸板为原料。不同成分的废纸生产出来的制品具有不同的性能，因此，可以根据制品用途，选用不同的废纸或几种废纸搭配使用，以获得较好的经济效益和使用性能。纸浆模塑快餐具主要以国内来源广泛的芦苇、蔗渣、麦草、秸秆等草本植物纤维浆为原料。与一次性发泡聚苯乙烯制品相比，纸浆模塑制品具有以下特点：

图 3-7 纸浆模塑产品

① 原料来源丰富，成本低，节省资源。

② 投资小，设备及工艺都较简单，工艺应变能力强，只要更换模具，就可以形成各种形式的产品。

③ 对商品具有优良的保护性能，能防震缓冲、定位、抗压且通风散热。

④ 质轻价廉，无污染，可回收再利用。

⑤ 制品受潮后易变形，强度也随之下降。

⑥ 制品如不经特殊处理，则外观档次较低。

（2）应用

纸浆模塑制品目前主要应用于以下产品：

① 快餐器具如餐盒、方便碗、快餐托盘、盘碟等。

② 蛋托盘因其具有疏松的材质和独特的蛋形曲面，所以具有更好的透气性、保鲜性和优良的缓冲性和定位作用。

③ 鲜果托盘可以避免水果间的碰撞损坏，散发出水果的呼吸热，防止水果腐烂，延长水果保鲜期。

④ 工业托盘主要用于玻璃瓶、罐头等易碎产品的定位缓冲包装或精密仪器、电子元件、医疗器械、家用电器、工艺品等工业产品的衬垫。

⑤ 农用托盘可用作农作物育苗养钵，花卉、苗木用的护罩及蚕用方格等。

⑥ 特种材料纸浆模塑制品除了上述用途外，还具有特殊的美化功能，可在销售包装中制成外表着色的盒形包装。

3.3 夏日清凉——冰激淋杯

冰激淋杯采用复合纸杯，是以纸为基材的复合材料经卷绕并与纸黏合而成的，其基本结构为杯身、杯底及各种形式的杯盖，不同形式的纸杯制品如图 3–8 所示。纸杯通常是口大底小，可以一只只套叠起来，便于取用、装填和储存。制杯用的原材料是专用纸杯材料，主要有两类：一类是聚乙烯涂层或聚乙烯膜 / 纸复合材料，聚乙烯涂层（即淋膜）有单面淋膜和双面淋膜两种，可用于盛放沸水而作热饮料杯；另一类是涂蜡纸板材料，由于石蜡不耐高温，温度在 60℃左右就会溶化，涂蜡纸杯只能用作盛装低温食品，主要用作冷饮料杯或常温、低温的流体食品杯、冰激淋杯。现在许多冷饮杯、冰激淋杯也采用淋膜纸杯。

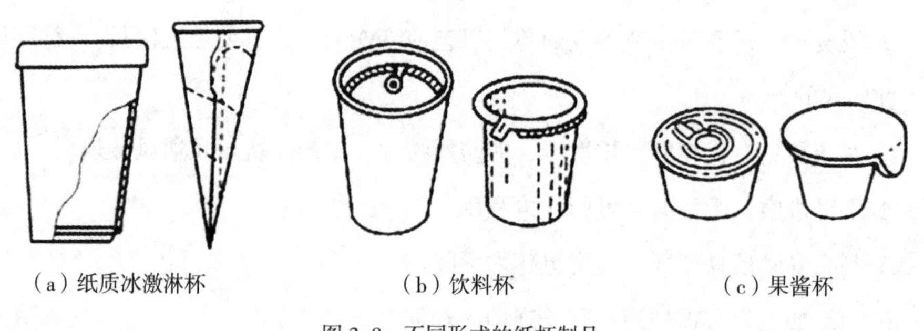

（a）纸质冰激淋杯　　（b）饮料杯　　（c）果酱杯

图 3–8　不同形式的纸杯制品

纸杯的特点是质轻、卫生、价格低廉、便于废弃处理；目前多在饭店、饮料店、宾馆、机场等地作为一次性器具使用。

目前与纸板相关的产品标准有《纸杯》（GB/T 27590—2011），聚乙烯涂层、聚乙烯膜应符合强制性国家标准《食品包装用聚乙烯成型品卫生标准》（GB 4806.7—2016）的要求，石蜡应符合强制性国家标准《食品级石蜡》（GB 7189—2010）的要求。

被列入实施 QS 生产许可管理的纸杯产品范围为淋膜纸杯和涂蜡纸杯。淋膜纸杯生产工艺如图 3–9 所示。

原纸 → 淋膜 → 印刷 → 横切 → 成型 → 包装

图 3-9 淋膜纸杯生产工艺

3.4 果蔬保鲜神器——薄膜保鲜材料

果蔬是易腐食品，为克服季节性生产和均衡供应的矛盾，储藏保鲜很有必要。如何进行果蔬的保鲜？果蔬保鲜要根据果蔬的保鲜要求，选择合适的保鲜包装和保鲜包装技术与方法。

3.4.1 果蔬保鲜包装的基本原理

（1）气调保鲜效果

包装所具有的气调保鲜效果是果蔬保鲜包装的基础。在包装体系内，包装内外的环境气体成分可通过包装材料互换，包装材料具有一定的气体阻隔性，使包装内环境气体组成因果蔬呼吸作用的进行而达到低氧高 CO_2 状态，该状态反过来又抑制了呼吸作用的进行，使果蔬生命活动降低，延缓衰老，从而具有保鲜作用。O_2 对于新鲜果蔬的作用则属于另一种情况，由于生鲜果蔬在储运流通过程中仍在呼吸，为保持其正常的代谢作用需要吸收一定数量的 O_2 而放出一定量的二氧化碳和水，并消耗一部分营养。鲜切蔬菜气调包装中，高浓度的 O_2 能抑制许多厌氧菌的繁殖，抑制蔬菜内源酶引起的褐变，从而获得比普通包装更长的保质期；CO_2 是一种气体抑菌剂，低浓度的 CO_2 能促进微生物的繁殖，高浓度的 CO_2（>30%）能阻止引起食品腐败的大多数需氧微生物的生长繁殖。有资料报道：香蕉采用 0.05mm 厚的聚乙烯袋包装（每袋 10kg），袋中同时封入吸满饱和高锰酸钾水溶液的碎砖块 200g、生石灰 100g，然后在 11~13℃储藏，10 天后袋内 CO_2 和氧气含量分别为 1.6% 和 5.8%，20 天后分别为 5.2% 和 5.2%，30 天后分别为 10.5% 和 3.8%。

CO_2 浓度过高、氧气浓度过低又会造成无氧呼吸并积累生理毒性物质，导致果蔬生理病害发生，尤其是对 CO_2 耐性差的果蔬。如柑橘属果品对 CO_2 非常敏感，包装内浓度一般不允许超过 1%；因此在保鲜包装中应使用具有一定透气性的包装材料，以保证包装内外可发生一定程度的气体交换，使包装内 O_2 和 CO_2 浓度达到果蔬保鲜所需要的合适浓度。不同种类、不同厚度的包装材料，其气体透过性不同。

采用单一薄膜往往难以满足不同水果蔬菜的生理特性要求，因此在生产中常用薄膜打孔和复合膜的方法满足其要求。

（2）抑制蒸发

包装可使新鲜果蔬散失的水分留在包装内部而形成高湿微环境，从而抑制水分散失的速度，保持果蔬饱满、鲜嫩的外观。但包装材料的透气性太差则易造成包装内部的过湿状态，招致腐败发生。因此，果蔬包装时应选用透湿性适当的材料，或使用功能性材料调整湿度，也可采用穿孔膜包装，使包装内环境湿度维持在适宜状态。

多数水果、蔬菜在收获时已有一定的成熟度，其生理活动较稳定，因而适宜于密封包装；但也有部分蔬菜（尤其是茎叶蔬菜）收获时其生理活动不太稳定，用穿孔膜包装往往能获得良好的效果，在适宜的低温下效果则更好。果蔬的蒸发作用与温度也有很大关系，但不同的果蔬反应不同。柿子、柑橘、苹果、梨、西瓜、土豆、洋葱、南瓜、卷心菜、胡萝卜等果蔬对温度比较敏感，随着温度的下降，其蒸发作用会显著降低，而栗子、桃、李子、无花果、甜瓜、萝卜、番茄、菜花、豌豆等果蔬对温度有一定反应，随着温度的降低，其蒸发作用会有所下降。而草莓、樱桃、芹菜、黄瓜、菠菜、蘑菇则具有强烈的蒸发作用且与温度无关。

（3）保冷保鲜

温度对微生物的繁殖和果蔬中的各种酶类的催化反应有着直接的影响，包装的气调和保湿作用必须和低温结合起来，其保鲜作用才能充分发挥，否则其保鲜效果就会受到很大影响，或使果蔬出现各种生理病害。表 3–2 列出了几种蔬菜在不同温度下包装和不包装储存时可供食用的储存时间。由表 3–2 可以看出，常温包装的保鲜效果远比低温包装的差。

包装前的预冷对延长保鲜包装有效期非常有利，它可迅速有效地散发果蔬的田间热、抑制果蔬呼吸、防止水分蒸发，使果蔬在包装时能尽可能保持其采收时的良好品质。包装时选用隔热容器和冰等蓄冷材料一起使用，可将果蔬包装内的温度维持在较低水平。这种简易方法在果蔬流通时可达到冰箱和冷藏运输车同样的保鲜效果，但果蔬保鲜仍以包装后在冷库储藏为主要措施，以此来保证果蔬处于适宜的低温条件。需要注意的是采用低温储藏有一定限度，当低温超过某一界限时，果蔬会发生冷害而出现软化、腐败等代谢异常现象，并导致品质迅速恶化而无法继续保存。不同果蔬产生冷害的温度不同，所以保鲜包装的温度必须保持在冷害温度以上。

表 3–2　几种蔬菜在不包装贮存时可供食用的储存时间

种类	不包装贮存时间 / d	开孔贮存时间 / d	密封贮存时间 / d	贮藏温度 / ℃	冷藏（0~3℃）时间 / d		
					不包装	开孔	密封
菠菜	3	7	14	18	6	20	30
甜菜	9	9	11	23~35	18	31	43
四季豆	5	7	7	24~34	7	21	25
豌豆	5		10	7~24			25
小豌豆	4	4	5	14~29	11		14
莴苣	3	2	2	25~34	10	11	13
芦笋	5		6	17~28			18

（4）抑制后熟

乙烯是一种植物激素，在果蔬生长后期随成熟而产生，在一定浓度下会促进果蔬呼吸、加速叶绿素分解、淀粉水解及花青素的合成，促进果蔬成熟并导致老化的迅速发生。包装中使用功能性包装材料和去乙烯保鲜剂，可有效去除果蔬储藏过程中产生的乙烯或抑制内源乙烯的生成，抑制果蔬后熟而达到保鲜目的。

（5）调湿、防雾、防结露

如果包装材料的透湿性太差，包装内部逐渐变成高湿状态而易在包装内侧面形成水雾。当外部温度低于包装内部空气露点温度时，水汽就会在包装内壁结露，这些露水会因包装内的高 CO_2 而形成碳酸水，滴落在果蔬表面易导致湿蚀发生，使外观变差、商品价值降低，严重者会发生微生物侵染而导致腐败变质。采用机能性包装材料，由于其中添加了防雾、防结露物质，包装后可有效防止水雾和结露现象。

在包装内部封入具有吸湿和放湿功能的机能性包装材料，利用其在低湿度下放湿、高湿度下吸湿的作用，可使包装内部湿度简易地维持恒定，避免因包装材料透湿性太差而产生过湿状态。这也是包装中常用的辅助包装保鲜措施之一。

3.4.2　果蔬保鲜的包装要求

为保证果蔬的良好品质与新鲜度，在保鲜包装时要求能充分利用各种包装材料所具有的阻气、阻湿、隔热、保冷、防震、缓冲、抗菌、抑菌、吸收乙烯等特性，

设计适当的容器结构，采用相应的包装方法对果蔬进行内外包装，在包装内创造一个良好的微环境条件，把果蔬呼吸作用降低至能维持其生命活动所需的最低限度，并尽量降低蒸发、防止微生物侵染与危害；同时，也应避免果蔬受到机械损伤。不同种类的果蔬对包装的要求不尽相同。

（1）软性水果

草莓、葡萄、李子、水蜜桃等软性水果，含水量大，果肉组织极软，是最不易保鲜的一类。这类水果要求包装应具有防压、防震、防冲击性能，包装材料应具有适当的水蒸气、氧气透过率，避免包装内部产生水雾、结露和缺氧性败坏；可采用半刚性容器覆盖以玻璃纸、醋酸纤维素或聚苯乙烯等薄膜包装。

（2）硬质果蔬

苹果、香蕉、李子、柑橘、桃、甘薯、胡萝卜、马铃薯、葱头、山药、甜菜、萝卜等硬性果蔬，肉质较硬，呼吸作用和蒸发也较软质水果缓慢，不易腐败，可较长时间保鲜。这类果蔬的保鲜要求是创造最适温湿度和环境气氛条件，可采用PE等薄膜包装或用浅盘盛放、用拉伸或收缩裹包等方式包装。

（3）茎叶类蔬菜

这类蔬菜组织脆嫩，脱水速度快，易萎蔫，其呼吸速度也较快，对缺氧条件很敏感。包装时主要考虑其防潮性和抗损伤作用以及对环境气体的调节能力。

3.4.3 果蔬保鲜用包装材料

用于果蔬保鲜包装的材料种类很多，目前应用的功能性包装材料主要有塑料薄膜、塑料片材、蓄冷材料、瓦楞纸箱、保鲜剂等几大类。

（1）薄膜包装材料

常用的薄膜保鲜材料主要有：聚乙烯膜（PE）、聚乙烯流延膜（CPE）、双向拉伸聚乙烯膜（BOPE）、聚丙烯膜（PP）、双向拉伸聚丙烯膜（BOPP）、聚苯乙烯膜（PS）、聚偏二氯乙烯膜（PVDC）、聚乙烯醇膜（PVA）、乙烯和醋酸乙烯共聚物（EVA）、乙烯和乙烯醇共聚物（EVOH）、聚对苯二甲酸乙二醇酯（PET）、聚酰胺（PA）等薄膜，这些薄膜常制成袋、套、管状，可根据不同需要选用。近年来开发了许多功能性保鲜膜，除了能改善透气透湿性外，涂布脂肪酸或掺入界面活性剂可使薄膜具有防雾、防结露作用，还有混入泡沸石为母体的无机系抗菌剂的抗菌性薄膜，混入陶瓷、泡沸石、活性炭等以吸收乙烯等有害气体的薄膜，混入远红外线放射体的保鲜膜等。

（2）保鲜包装用片材

保鲜包装用片材大多以高吸水性的树脂为基材，种类很多，如吸水能力数百倍于自重的高吸水性片材，在这种片材中混入活性炭后除具有吸湿、放湿功能外，还具有吸收乙烯、乙醇等有害气体的能力；混入抗菌剂可制成抗菌性片材，可作为瓦楞纸箱和薄膜小袋中的调湿材料、凝结水吸收材料，改善吸水性片材在吸湿后容易构成微生物繁殖场所的缺点。目前已开发出的许多功能性片材已应用于松蘑、蘑菇、脐橙、涩柿子、青梅、桃、花椰菜、草莓、葡萄和樱桃的保鲜包装。

（3）瓦楞纸箱

普通瓦楞纸箱是由全纤维制成的瓦楞纸板构成的，近年来功能性瓦楞纸箱也开始应用：如在纸板表面包裹发泡聚乙烯、聚丙烯等薄膜的瓦楞纸箱，在纸板中加入聚苯乙烯等隔热材料的瓦楞纸箱，还有聚乙烯、远红外线放射体（陶瓷）及箱纸构成的瓦楞纸箱等。这些功能性瓦楞纸箱可以作为具有简易调湿、抗菌作用的果蔬保鲜包装容器来使用。

（4）蓄冷材料和隔热容器

蓄冷材料和隔热容器并用可起到简易保冷效果，保证果蔬在流通中处于低温状态，因而可显著提高保鲜效果。蓄冷材料在使用时要根据整个包装所需的制冷量来计算所需的蓄冷剂量，并将它们均匀地排放于整个容器中，以保证能均匀保冷。发泡聚苯乙烯箱是常用的隔热容器，其隔热性能优良并且具有耐水性，在苹果、龙须菜、生菜、硬花甘蓝等果蔬中已有应用，但是其废弃物难以处理，可使用前述的功能性瓦楞纸箱和以硬发泡聚氨酯、发泡聚乙烯为素材的隔热性板材式覆盖材料作为其替代品。

（5）保鲜剂

为进一步提高保鲜效果，可将保鲜剂与其他包装材料一起使用于保鲜包装中，常见的保鲜剂主要有：

① 气体调节剂。有脱氧剂、去乙烯剂、CO_2 发生剂等。脱氧剂多用于耐低氧环

境的水果如巨峰葡萄等；CO_2 发生剂多用于柿子、草莓等；去乙烯剂（包括去乙醇剂），如多孔质凝灰石、吸附高锰酸钾的泡沸石、溴酸钠处理的活性炭等。

② 涂布保鲜剂。有天然多糖类、石蜡、脂肪酸盐等。

③ 抗菌抑菌剂。有日柏醇等。

④ 植物激素。有赤霉素、细胞激动素、维生素 B 等，均可抑制呼吸、延缓衰老、推迟变色，保持果蔬的脆度和硬度等。

这些保鲜剂有些是涂布于包装材料中，有些单独隔开放入包装袋中，有些则被制成涂被膜剂直接包覆于果蔬表面，这些方法均能起到保鲜作用。

目前，果蔬保鲜包装主要是利用包装材料与容器所具有的简易气调效果，结合防雾、防结露、抗震、抗压等特性来进行包装。

3.4.4 薄膜保鲜材料

选择具有适当透气性、透湿性的薄膜，可以起到简易气调效果；与真空充气包装结合进行，可提高包装的保鲜效果。这种包装方法要求薄膜材料具有良好的透明度，对水蒸气、氧气、CO_2 透过性适当，并具有良好的封口性能，安全无毒。

（1）PE 薄膜

1）聚乙烯（PE）

聚乙烯是乙烯经聚合制得的一种热塑性树脂，是包装中用量最大的塑料品种之一，其分子结构式如图 3-10 所示。

$$\left[CH_2 — CH_2 \right]_n$$

图 3-10 PE 分子结构式

聚乙烯无嗅，无毒，手感似蜡，具有优良的耐低温性能（最低使用温度可达 -100~-70℃，化学稳定性好，能耐大多数酸碱的侵蚀（不耐具有氧化性质的酸）。常温下不溶于一般溶剂，吸水性小，电绝缘性优良。聚乙烯包装的性能是对水蒸气的透湿率很低而对氧气、二氧化碳的透气率很高，有一定的拉伸强度和撕裂强度，柔韧性好。聚乙烯热封性能好，易加工成型，且热封温度低，能适应包装机高度热封操作的要求，常作为复合包装材料的热封层。由于聚乙烯的印刷性能和透明度较

差，因此常采用电晕处理或化学表面处理改善其印刷性。此外，PE 树脂属于无毒物质，符合食品包装关于卫生安全性的要求。

聚乙烯根据聚合方法、密度的不同，可以分为低密度聚乙烯、高密度聚乙烯、线型低密度聚乙烯。

低密度聚乙烯（LDPE）是一种塑料材料，密度范围为 0.915~0.942g/cm^3。分子结构为主链上带有长、短不同支链的支链型分子，与高密度聚乙烯相比，它具有较低的结晶度（55%~65%），它适合热塑性成型加工的各种成型工艺，成型加工性好。LDPE 主要用途是作薄膜产品，还用于注塑制品、医疗器具、药品和食品包装材料、吹塑中空成型制品等。LDPE 还常用作复合材料的热封层和防潮涂层。LDPE 的包装性能虽然较差，但其价格便宜、卫生安全，目前在市场上需求较大。

高密度聚乙烯（HDPE）是一种结晶度高（80%~90%）、非极性的热塑性树脂，密度范围为 0.95~0.97g/cm^3，具有较高的机械强度与硬度，且耐热性能优良，但柔韧性、热成型加工性有所下降，其耐溶剂性、阻气性、阻湿性均优于 LDPE。HDPE 塑料制成的薄膜可用于食品包装和蒸煮食品的包装，也可作为复合膜的热封层用于高温杀菌食品的包装。

线型低密度聚乙烯（LLDPE）为无毒、无味、无嗅的乳白色颗粒。它与 LDPE 相比，具有较高的软化温度和熔融温度，有强度大、韧性好、刚性大、耐热及耐寒性好等优点，还具有良好的耐环境应力开裂性，耐冲击、耐撕裂等性能，并可耐酸、碱、有机溶剂等，从而广泛用于工业、农业、医药、卫生和日常生活用品等领域。LLDPE 制成的薄膜和薄膜袋主要用于肉类、冷冻食品和乳制品的包装。

2）聚乙烯（PE）薄膜

PE 薄膜的传统加工方法主要有吹塑和流延两种工艺，流延 PE 薄膜的厚度均匀，但由于价格较高，目前很少使用；吹塑 PE 薄膜是由吹塑级 PE 颗粒经吹塑机吹制而成的，成本较低，所以应用最为广泛。此外，还有新兴的双向拉伸法工艺。

① 吹塑法（IPE 薄膜）。PE 树脂经过挤出机熔融塑化后，在管状模具中挤出，然后通入压缩空气，将其吹胀，同时通过牵引机架上的牵引辊夹紧进行高速拉伸，拉伸速度要高于口模流出速度，以获得纵向取向。风冷却环将冷风吹向膜外表面，使膜泡冷却，并在牵引膜泡周围空气中继续冷却下定型，被人字板压叠，最后对拉

伸后的PE薄膜进行卷取。

② 流延法（CPE薄膜）。经过挤出机熔融塑化的熔体树脂从T形模头挤出，呈片状流延至平稳旋转的表面镀铬的光洁的冷却辊筒的辊面上，膜片在冷却辊筒上经冷却降温定型后，再经牵引、切边、测厚、后处理后卷取即制得平膜。为了使刚从口模出来的薄膜紧贴附于冷却辊，可以分别选用气刀、气室、静电、压辊和真空装置等。

③ 双向拉伸法（BOPE薄膜）。采用平膜法双轴取向分步拉伸加工工艺的方法进行生产的薄膜，BOPE薄膜比IPE和CPE薄膜在物理性能方面有较大的改善，其透明度高，热封强度大，纵横向拉伸强度高，并具有防湿、易撕直线和可折叠性等优点。特别是在厚度减薄50%的情况下，其关键性能仍达到其他聚乙烯薄膜的水平。

（2）聚丙烯（PP）

聚丙烯是由丙烯聚合而制得的一种热塑性树脂，密度范围为0.90~0.91g/cm^3，是目前所有塑料中最轻的品种之一。其分子结构式如图3-11所示。

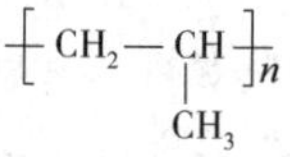

$$\left[CH_2 - \underset{\substack{| \\ CH_3}}{CH} \right]_n$$

图3-11　PP分子结构式

聚丙烯为无毒、无嗅、无味的乳白色高结晶的聚合物，它对水特别稳定，在水中的吸水率仅为0.01%，分子量8万~15万。聚丙烯的透明度高，光泽度好，但印刷性能差，印刷前需经过表面预处理，具有优良的机械性能和拉伸强度，硬度和韧性均高于PE。聚丙烯的成型加工性能良好，热封性较差，化学稳定性好，且卫生安全，符合食品包装的要求。聚丙烯主要用于制成食品包装薄膜，可以替代玻璃纸包装点心、面包，降低了包装成本，也可制成瓶罐、塑料周转筐、捆扎绳等。

双向拉伸聚丙烯（BOPP）薄膜无色、无嗅、无味、无毒，并具有高拉伸强度、冲击强度、刚性、强韧性和良好的透明性。常用的BOPP薄膜包括：普通薄膜、香烟包装膜、珠光膜、金属化膜等，BOPP可以与多种不同材料复合，以满足特殊的应用需要。如 BOPP 可以与 LDPE（CPP）、PVA 等复合制成具有高度阻气、阻湿、透明、耐高低温、耐蒸煮和耐油性能的包装。

（3）聚苯乙烯（PS）

聚苯乙烯是指由苯乙烯单体经自由基加聚反应合成的聚合物。它是一种无色透明的热塑性塑料，其分子结构式如图 3–12 所示。

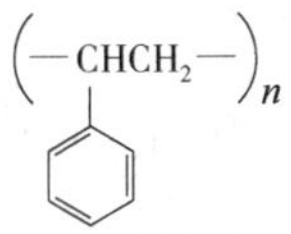

$$\left(-\underset{C_6H_5}{CH}CH_2- \right)_n$$

图 3–12　PS 分子结构式

聚苯乙烯大分子主链上带有体积较大的苯环侧基，使得大分子的内旋受阻，所以大分子的柔顺性差，且不易结晶，属线型无定型聚合物。聚苯乙烯是质硬、脆、透明、无定型的热塑性塑料。没有气味，燃烧时冒黑烟。密度为 1.04~1.09g/cm^3，易于染色和加工，吸湿性低，尺寸稳定性、电绝缘和热绝缘性能极好。可发性聚苯乙烯为在普通聚苯乙烯中浸渍低沸点的物理发泡剂制成的，加工过程中受热发泡，专用于制作隔热、防震泡沫塑料产品。

（4）聚偏二氯乙烯（PVDC）

聚偏二氯乙烯是二氯乙烯（1，1– 二氯乙烯，VDC）的聚合物，其分子结构式如图 3–13 所示。

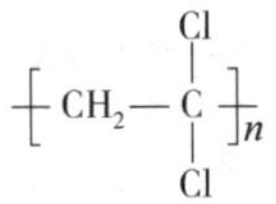

$$\left[CH_2-\underset{Cl}{\overset{Cl}{C}} \right]_n$$

图 3–13　PVDC 分子结构式

聚偏二氯乙烯是质硬、性韧、半透明至透明的材料，带有不同程度的黄色，经紫光照射后呈暗橙色至淡紫色荧光，密度为 1.70~1.75g/cm^3，吸水性小于 0.1%。与其他塑料相比，聚偏二氯乙烯对很多气体和溶液具有很低的透过率，所以广泛用作包装材料。作为食品保鲜膜直至今日仍盛行不衰，随着单膜复合、涂布复合、肠衣膜、共挤膜技术的发展，在军品、药品、食品包装业的发展更为广泛，尤其是随着现代化包装技术和现代人生活节奏的加快而大量发展起来的速冻保鲜包装。微波炉的炊

具革命，食品、药品货架寿命的延长，使 PVDC 的应用更加普及。聚偏二氯乙烯受环境温度的影响小，耐高温性能良好，化学稳定性很好，但热封性较差，一般采用高频或脉冲热封合，或者采用铝丝结扎封口。

聚偏二氯乙烯主要适用于火腿肠、干酪、汤、零食、蒸煮袋、饼干及谷类食品、宠物食品拉伸膜、酱料、肉制品、液体包装、豆制品包装等领域。

（5）聚对苯二甲酸乙二醇酯（PET）

聚对苯二甲酸乙二醇酯是由多元醇和多元酸缩聚而得的聚合物，是热塑性聚酯中主要的品种，俗称涤纶树脂，其分子结构式如图 3–14 所示。

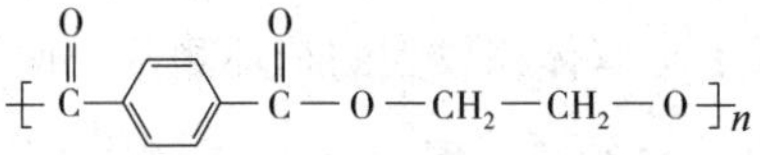

$$\left[\overset{O}{\overset{\|}{C}} - C_6H_4 - \overset{O}{\overset{\|}{C}} - O - CH_2 - CH_2 - O \right]_n$$

图 3–14　PET 分子结构式

聚对苯二甲酸乙二醇酯系结晶型聚合物，密度为 1.30~1.38g/cm^3，熔点为 255~260℃，在热塑性塑料中具有最大的强韧性。聚对苯二甲酸乙二醇酯主要性能如下：

① 有良好的力学性能，冲击强度是其他薄膜的 3~5 倍，耐折性好。其薄膜拉伸强度可与铝箔相媲美，为聚乙烯的 9 倍、聚碳酸酯和尼龙的 3 倍。

② 耐油、脂肪、稀酸、稀碱，耐大多数溶剂。聚对苯二甲酸乙二醇酯在较高温度下，也能耐氟氢酸、磷酸、乙酸、乙二酸，但盐酸、硫酸、硝酸能使它受到不同程度的破坏，如拉伸强度下降。强碱尤其是高温下的碱，能使其表面发生水解，其中以氨水的作用最为剧烈。

③ 纯 PET 的耐热性能不高，热变形温度仅为 85℃左右，但增强处理后大幅度提高。经玻璃纤维增强后的 PET 力学性能类似于聚碳酸酯（PC）、聚酰胺（PA）等工程塑料，热变形温度可达到 225℃；PET 的耐热老化性好，脆化温度为 –70℃，在 –30℃时仍具有一定韧性；PET 不易燃烧，燃烧时火焰呈黄色。

④ 气体和水蒸气渗透率低，即有优良的阻气、水、油及异味性能。

⑤ 透明度高，可阻挡紫外线，光泽性好。

⑥ 无毒、无味，卫生安全性好，可直接用于食品包装。由 PET 制成的无晶型

未定向透明薄膜可用来包装含油制品及肉类制品，收缩膜可用于畜肉食品的收缩包装，结晶型定向拉伸膜和以 PET 为基材的复合膜可用于冷冻和蒸煮食品的包装，此外，还大量用于吹塑瓶子，如用于调味品、食用油、饮料、化妆用品瓶子。

（6）聚萘二甲酸乙二醇酯（PEN）

聚萘二甲酸乙二醇酯，其化学结构与 PET 相似，不同之处在于分子链中 PEN 由刚性更大的萘环代替了 PET 中的苯环，其分子结构式如图 3–15 所示。

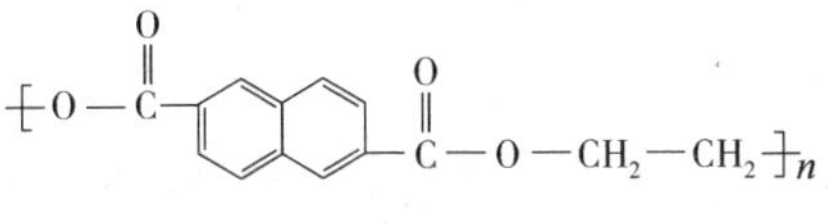

图 3–15　PEN 分子结构式

由于 PEN 有与 PET 非常类似的结构，所以在其性质上也有相同的特性，而且几乎在所有的性能方面都优于 PET。萘环结构使 PEN 比 PET 具有更高的物理机械性能、气体阻隔性能、化学稳定性及耐热、耐紫外线、耐辐射等性能。PEN 的耐热性较好，其玻璃化温度为 121℃，而 PET 为 80℃左右，此外，PEN 的拉伸强度比 PET 高 35%，弯曲模量高 50%，且加工性能好，成型周期更快。

由于 PEN 熔融温度较高，所以单独作为包装材料使用未能普及，一个较好的方法就是将 PEN 与 PET 共聚或者共混。

PEN 与 PET 的化学结构虽然相似，且性能相近，但是 PEN 和 PET 并不能完全相容，引发并控制两组分的酯交换反应可以达到增容 PEN 和 PET 的目的，通过酯交换反应，PEN/PET 共混物在熔融加工过程中由非均相系转变为均相系。

PEN 以其较高的防水性、气密性、抗紫外线性以及耐热性、耐化学性、耐辐射性而著称，与 PET 一样，PEN 可以加工成薄膜、纤维、中空容器和片材，目前在包装上主要用于生产医药和化妆品的吹塑容器和可蒸煮消毒的果汁瓶、啤酒瓶等。

通常情况下，PEN 的热灌装温度可达 102℃，而 PET 则为 75~80℃。PEN 共聚物可在 85℃洗涤条件下不发生收缩，而 PET 则为 59℃。

（7）聚酰胺（PA）

聚酰胺统称尼龙，它是大分子主链重复单元中含有酰胺基团的高聚物的总称，其分子结构式如图 3–16 所示。

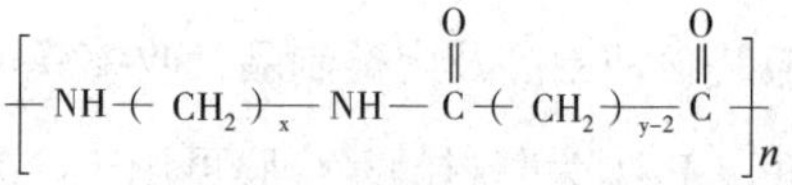

$$\left[NH \leftarrow CH_2 \rightarrow_x NH - \overset{O}{\overset{\|}{C}} \leftarrow CH_2 \rightarrow_{y-2} \overset{O}{\overset{\|}{C}} \right]_n$$

图 3-16　PA 分子结构式

聚酰胺是乳白色或微黄色不透明粒状或粉状物。在食品包装上使用的主要是PA 薄膜类制品，主要有以下包装特点：阻气性与吸水性优良；化学稳定性好，但阻湿性差；PA 的抗拉强度较大，抗冲击强度比其他塑料明显高出很多；耐高低温性优良，成型加工性较好，但热封性不良，一般常用其复合材料，卫生安全性好。

PA 薄膜制品大量用于食品包装，为提高其包装性能，可使用拉伸 PA 薄膜，并与 PE、PVDC、CPP 或铝箔等复合，以提高防潮阻湿和热封性能，既可以用于罐头、食品和饮料的包装，也可以用于畜肉类制品的高温蒸煮包装和深度冷冻包装。

（8）聚乙烯醇（PVA）

聚乙烯醇是由聚醋酸乙烯酯经醇液醇解而得，其分子结构式如图 3-17 所示。

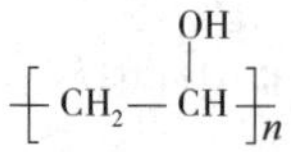

$$\left[CH_2 - \underset{}{\overset{OH}{\overset{|}{CH}}} \right]_n$$

图 3-17　PVA 分子结构式

聚乙烯醇可在 80~90℃水中溶解，其水溶液有很好的黏结性和成膜性；能耐油类、润滑剂和烃类等大多数有机溶剂；具有长链多元醇的酯化、醚化、缩醛化等化学性质。

聚乙烯醇薄膜的阻气性优于聚偏二氯乙烯薄膜，但因分子内含有羟基，具有较大的吸水性，因此阻湿性较差，常与高阻湿性薄膜复合，用作高阻隔性薄膜材料。聚乙烯醇的拉伸强度为 35MPa，伸长率取决于含湿量，平均可达 450%。聚乙烯醇虽为结晶性高聚物，但熔点不敏锐，融熔温度范围为 220~240℃，玻璃化温度为 85℃。聚乙烯醇受热软化，稳定使用温度为 120~140℃。在 250℃，有氧存在分解时会自燃。由于聚乙烯醇具有良好的透明性、抗静电性、韧性、印刷性，极好的阻气性和良好的耐化学性，适宜作为水溶性的包装材料，一般与其他材料复合，广泛用于肉类制品的包装，也可用于黄油、干酪及快餐食品的包装。

（9）乙烯和醋酸乙烯共聚物（EVA）

乙烯和醋酸乙烯共聚物由乙烯和醋酸乙烯（VA）共聚而得，其分子结构式如图3–18所示。

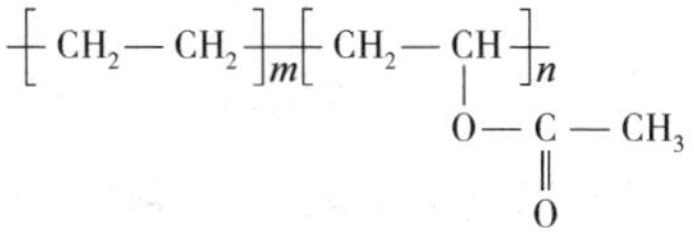

$$\left[CH_2 - CH_2 \right]_m \left[CH_2 - \underset{\underset{\displaystyle O - \underset{\underset{\displaystyle O}{\|}}{C} - CH_3}{|}}{CH} \right]_n$$

图3–18　EVA分子结构式

EVA由于在乙烯支链中引入由极性的乙酸基团所组成的短支链，打乱了原来的结晶状态，从而降低了支链上乙烯的结晶度，同时还增加了聚合物链之间的距离。这就使EVA比聚乙烯更富有柔韧性和弹性。

EVA热分解温度为229~230℃，EVA对于气体和湿气的渗透性要比低密度聚乙烯高，因此它不宜制作高抗渗透材料。EVA的耐油、耐化学药品性比聚乙烯、聚氯乙烯稍差，随VA含量的增加，这一倾向愈加明显。

EVA树脂的特点是具有良好的柔软性，橡胶般的弹性，在–50℃下仍能够具有较好的可挠性，透明性和表面光泽性好，化学稳定性良好，抗老化和耐臭氧强度好，无毒性。与填料的掺混性好，着色和成型加工性好。EVA透明度高，光泽性好，具有良好的印刷性能；成型加工温度比PE低20%~30%，加工性好，可热封也可黏合，具有良好的卫生安全性。

不同的EVA在食品包装上用途不同，VA含量少的EVA薄膜可用来包装生鲜果蔬；VA含量在10%~30%的EVA薄膜可用作食品的弹性裹包或收缩包装；EVA挤出涂布在BOPP、PET和玻璃纸上，可直接用来包装干酪等食品。

（10）乙烯和乙烯醇共聚物（EVOH）

乙烯和乙烯醇共聚物是乙烯和乙烯醇的共聚物。EVOH是一种高阻隔性材料，对氧、二氧化碳、氮等气体具有高阻隔性，其分子结构式如图3–19所示。

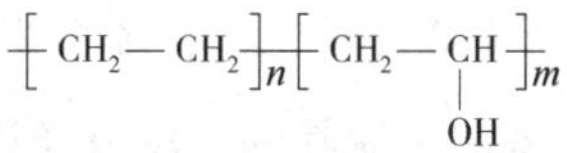

$$\left[CH_2 - CH_2 \right]_n \left[CH_2 - \underset{\underset{\displaystyle OH}{|}}{CH} \right]_m$$

图3–19　EVOH分子结构式

EVOH从性质上来说，它的性质主要取决于其共聚单体的相对浓度。一般地说，当乙烯含量增加时，气体阻隔性能下降，防潮性能改进，且树脂更易于加工。

EVOH共聚物是高度结晶体，其性质取决于共聚单体的相对浓度，如果乙烯的含量增加，乙烯－乙烯醇共聚物的性能就趋近于聚乙烯，如果乙烯醇的含量增加，则乙烯－乙烯醇共聚物的性能就更趋近于聚乙烯醇的性能。

EVOH最显著的特点是具有对气体的高阻隔性能，使其在包装中能充分提高对内容物的保香和保质作用。由于乙烯－乙烯醇共聚物分子结构中存在羟基，因而材料具有亲水和吸湿的性能。当相对湿度增加时，对气体的阻隔性能会受到影响。使用多层技术将聚方法就是将烯烃等强隔湿材料把EVOH树脂层包裹起来，可以保持其阻隔性能。

EVOH具有高的机械强度、弹性、表面硬度、耐磨性和耐候性，并且有强的抗静电性。

EVOH薄膜具有高光泽和低雾度，因而具有高度透明性。

乙烯－乙烯醇共聚物具有良好的耐油性和耐有机溶剂能力，这使得它被优先选作油性食品、食用油等要求高阻隔性能的食品包装材料。复合EVOH材料的包装，用在所有硬和软包装以及无菌、热注入和压煮的所有类型的食品加工中，如调味品、番茄沙司、汁、肉制品、干酪制品和加工过的水果。

3.4.5　果蔬类加工食品的包装

（1）干制果蔬类食品的包装

干制果蔬是果蔬制品的主要形式，其包装应在低温、干燥、通风良好、环境清洁的条件下进行，空气的相对湿度最好控制在30%以下，同时应注意防虫、防尘等。

1）干菜包装

主要目的是防潮和防虫蛀，包装材料应选用能防虫及对水蒸气有较好阻隔性的材料，一般采用PE薄膜封装；对香菇、木耳、金针菜等高档干菜包装有展示性要求的，可选用PET/PE、BOPP/PE复合膜包装，还可采用在包装内封入干燥剂的防潮包装。脱水蔬菜的水分是在低温下脱除的，没有经过阳光的曝晒，也没有经过盐渍，因此其营养成分特别是维生素的损失不大，包装首先应考虑防潮，其次是防止紫外线照射变色。要求较低的大宗低档脱水蔬菜可用聚乙烯薄膜包装，要求较高的品种可用 PET 真空涂铝膜 / PE 或 BOPP/Al/PE 等复合膜包装。

2）干果包装

核桃、板栗、花生、葵花子等富含脂肪和蛋白质的果品，在包装时应考虑防潮、防虫蛀、防油脂氧化，故可采用真空包装。未经炒熟的板栗、花生等还具有生理活性，在贮藏包装时除了密封防潮外，还应注意抑制其呼吸作用，降低贮存温度以免大量呼吸造成发霉变质。炒熟干果的包装主要应考虑其防潮、防氧化性能，可采用对水蒸气和氧气有良好阻隔性的包装材料，如金属罐、玻璃罐、复合多层硬盒等；若要求采用真空或充气包装，则可以选用 PET/PE/Al/PE、BOPP/Al/PE 等高性能复合膜包装。

（2）速冻果蔬的包装

速冻果蔬的包装主要是防止脱水，同时给搬运提供方便，避免受到物理机械损伤，除个别品种外，对遮光和隔氧要求不高。适用于速冻包装的材料应能在 -40~-50℃的环境中保持柔软，常用的有 PE、EVA 等薄膜；对耐破度和阻气性要求较高的场合，如包装笋、蘑菇等也可以用 PA 为主体的复合薄膜包装，如 PA/PE 复合膜。国外采用 PET/PE 膜包装对配好佐料的混合蔬菜进行速冻保藏，食用时可直接将包装放入锅中煮熟食用，非常方便。速冻果蔬的外包装常用涂塑或涂蜡的防潮纸盒及发泡聚苯乙烯作保温层的纸箱包装。

3.5 豆、肉制品的包装神器——软罐头

畜禽肉类食品、豆制品是人们获取动、植物性蛋白质的主要来源，在人们日常饮食结构中占有相当大的比例。豆、肉类制品是富含营养物质并有一定水分的食品，在加工及贮存、流通过程中，微生物极易污染和繁殖。为了保证食品质量的安全性、较长的货架期和消费者的健康，如何正确选择、使用包装技术及材料？

目前市售的畜禽肉类食品主要有生鲜肉和各类加工熟肉制品，随着人们生活消费水平的日益提高，生鲜肉的消费也逐渐由传统的热鲜肉发展为工业化生产的冷却肉分切保鲜包装产品，熟肉加工制品也由原来的罐头制品发展成为采用软塑复合包装材料为主体的西式低温肉制品和地方特色浓郁的高温肉制品，三者构成了我国中西结合的肉类制品产品结构体系。

3.5.1 生鲜肉保鲜包装

刚宰杀不经冷却排酸过程而直接销售的称为热鲜肉。冷鲜肉是指宰后对胴体迅速冷却处理，在24h内降低到0~4℃，并在低温下加工、流通和零售的生鲜肉，能有效抑制微生物的生长繁殖，确保肉品安全卫生；同时，冷却肉经过解僵成熟过程，质地柔软，富有弹性，持水性及鲜嫩度好，提高了肉品的营养风味，因此，近年在我国发展很快，已成为生鲜肉品流通销售的主流品种。

生鲜肉的包装主要是保鲜，为达到相应的质量指标，包装时应达到如下要求：

① 能保护生鲜肉不受微生物等外界环境污染物的污染；

② 能防止生鲜肉水分蒸发，保持包装内部环境较高的相对湿度，使生鲜肉不致干燥脱水；

③ 包装材料应有适当的气体透过率、透氧率，可维持细胞的最低生命活动且保持生鲜肉颜色，生鲜肉的色泽取决于肌肉中的肌红蛋白和残留的血红蛋白的状态。肌肉缺氧时肌红蛋口与氧气结合的位置被水取代，使肌肉呈暗红色或紫红色；而又不致使生鲜肉遭受氧化而败坏，肉制品特有的芳香味主要在脂肪内，当脂肪被氧化后，就会失去芳香味而产生腐败味，并形成过氧化物破坏了必需脂肪酸和维生素，使制品最终失去风味和营养。

④ 材料能隔绝外界异味的侵入：

根据生鲜肉的保鲜要求，生鲜肉常用的包装方式是将生鲜肉放入以纸浆模塑或聚苯乙烯发泡或聚苯乙烯薄片通过热成型形成的不透明或透明的浅盘里，表面覆盖一层透明的塑料收缩薄膜。

生鲜肉真空收缩包装作为气调保鲜包装（MAP）的一种基本方式，在欧美国家得到普遍应用，在亚洲国家也开始用于生鲜肉的保鲜包装。据国际食品包装品牌公司Cryovac的经验，真空收缩包装生鲜牛肉和猪肉可分别取得3个月和45天的保存期限。

真空收缩包装生鲜肉能获得较长时间的保鲜期，能有效抑制好氧微生物的生长繁殖，却不能抑制厌氧细菌的生长，但低于4℃的低温贮存流通条件可使厌氧细菌停止生长。所以，生鲜肉采用真空收缩包装必须严格控制原料肉的初始细菌，在生鲜肉的屠杀、分割、包装生产过程中采用食品安全管理体系（HACCP）等全程安全质量控制技术体系，有效地降低微生物造成危害的概率。

收缩薄膜是一种经过拉伸但不进行热处理，而采用冷却使分子取向“冻结”制成的聚合物薄膜。由于薄膜在定向拉伸时产生一定的残余收缩应力，这种应力受热后便会消除，使薄膜在横向和纵向均发生急剧收缩，收缩率通常为30%~50%。收缩力在冷却阶段达到最大值，并且能够长期保持。收缩薄膜有片状和筒状两种，片状薄膜是先制成片状，然后分别沿薄膜的纵轴和横轴方向进行拉伸，或者同时进行两个方向拉伸；筒状薄膜是先制成筒状，然后进行拉伸。收缩包装薄膜的性能对包装工艺及包装质量有重要影响，收缩薄膜主要包装性能包括热收缩性能和热封性能。

常用收缩薄膜有：PVC、PE、PP、EVA、PVDC，其中PE收缩薄膜是目前应用最为广泛的品种，聚偏二氯乙烯（PVDC）薄膜主要用于肉食灌肠类包装；乙烯－醋酸乙烯共聚物（EVA）抗冲击强度大，透明度高，软化点低，收缩温度宽，热封性能好，收缩张力小，被包装产品不易破损，适用于带突起部分或异形食品的包装。

3.5.2 宇航肉制品的包装——软罐头

高温蒸煮袋（Retort Pouch）是一类有特殊耐高温要求的复合包装材料，按其杀菌时使用的温度可分为：高温蒸煮袋（121℃杀菌30min）和超高温蒸煮袋（135℃杀菌30min），按其结构来分有透明袋和不透明袋两种。制作高温蒸煮袋的复合薄膜有透明和不透明两种。透明复合薄膜可用PET或PA等薄膜为外层（高阻隔型透明袋使用K涂PET膜），CPP为内层，中间层可用PVDC或PVA；不透明复合薄膜中间层为铝箔。高温蒸煮袋应能承受121℃以上的加热灭菌，对气体、水蒸气具有高的阻隔性且热封性好，封口强度高；如用PE为内层，仅能承受110℃以下的灭菌温度。故高温蒸煮袋一般采用CPP作热封层。由于透明袋杀菌时传热较慢，适用于内容物300g以下的小型蒸煮袋，而内容物超过500g的蒸煮袋应使用有铝箔的不透明蒸煮袋。

20世纪60年代，美国为了解决宇航食物的包装问题而发明了铝塑复合膜，用它包装肉食品，通过高温高压杀菌，可在常温之下存放，保质期长达1年以上。铝塑复合膜的作用类似罐头盒，柔软、质轻，因此得名软罐头。目前，在常温下存放保质期较长的肉食品，如使用硬包装容器，还是选用马口铁罐和玻璃瓶；如使用软包装，几乎全部采用铝塑复合膜等。铝塑复合膜为层压复合多层膜，一般为三层，

典型结构是外层 / 黏合剂 / 铝箔 / 黏合剂 / 热封层（CPP）。该包装膜的优点是具有美丽的外观和良好的机械性能、高阻隔性能、耐高温蒸煮性能和优良的卫生性，且质轻、柔软，因此被广泛用于各种食品的包装。但也存在一些缺陷，如铝箔质地硬脆，与塑料薄膜相比柔软性不太好等。

为了延长肉食品的保质期，耐高温蒸煮的肉食品均采用抽真空贴体包装。铝箔复合材料在抽真空时，由于铝箔的柔软性不够，很难完全贴在内容物上，容易造成包装袋内空气抽不干净，影响到食品的保存。因此，作肉制品包装使用铝箔时厚度不能太高。但又因为它的阻隔性取决于厚度和加工水平，当厚度较小时容易出现大量的针孔，所以用于耐储存的肉食品的包装，铝箱的厚度又不能太薄；如铝箔太薄，铝箔复合膜在经过抽真空后还会形成许多皱褶，进而极易产生裂纹，造成阻隔性的丧失。因此，铝箔的厚度、阻隔性、柔软性始终是困扰铝箔复合膜应用的三个矛盾。

3.6 饮料的包装——瓶宝宝

我国软饮料共分十大类：碳酸饮料类、果汁及果汁饮料类、蔬菜汁及蔬菜汁饮料类、含乳饮料类、植物蛋白饮料类、瓶装饮用水类、茶饮料类、固体饮料类、特殊用途饮料类以及其他饮料类。其中饮用水及碳酸饮料用什么包装材料？有什么特点？

3.6.1 饮用水的包装

饮用水包装的形式和大小可以多种多样，它可为消费者在不同零售渠道中提供选择，包装大小通常为 20~2000mL，有时也使用 3L 或 5L 的容器。

（1）玻璃瓶

在所有的包装材料中玻璃最适用于水的包装，因其化学性质稳定，不会影响水的质量、气味和味道；玻璃通常是一种透明的材料，因而可增加水本身的澄清度；玻璃的刚性和强度使其能够有效地运行于高速的装瓶生产线上；更重要的一点是，它很清洁、卫生。玻璃不具有通透性，并且在所有的包装材料中，它保留碳酸的能力最好，因而能延长产品的货架期。玻璃适用于非充气水和充气水的包装。它能够重新密封和回收利用，因而是一种高品质的包装材料。

在所有用于制造瓶子的材料中，玻璃的重量最大，这是它的一个弱点。另外，由于它容易破碎，因此在灌装、输送和消费者使用时都必须小心处理。虽然玻璃的强度高，但是在遭受撞击时其强度会被削弱，如果装的是碳酸化的水，这种强度的削弱在以后有可能导致玻璃瓶发生自爆。玻璃是可以回收利用的，很大一部分的碎玻璃（占 85% 左右）的使用有利于促进玻璃瓶的再生产，从而减少整个瓶子生产过程中的消耗。

（2）塑料瓶

塑料瓶具有许多优异的性能而被广泛应用在液体食品包装上，除酒类的传统玻璃瓶包装外，塑料瓶已成为最主要的液体食品包装容器，大有取代普通玻璃瓶之趋势。目前在包装行业应用的塑料瓶品种有 PE、PP、PVC、PET、PS、PC 等，这些塑料瓶是由树脂通过挤 – 吹成型、注 – 吹成型、挤 – 拉 – 吹成型、注 – 拉 – 吹成型制成的具有各种性能和形状的包装容器及制品，塑料瓶底部三角形的数字表明塑料瓶的材质，如图 3–20 所示。

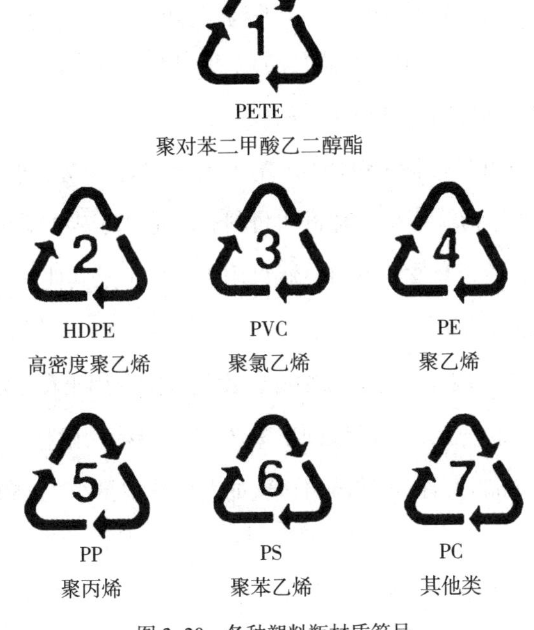

图 3–20 各种塑料瓶材质符号

1）聚对苯二甲酸乙二醇酯（PET）

PET 瓶，如图 3–21 所示，常被用于瓶装水的包装。PET 是一种重量很轻且透

明性好的材料，它可同时用于非充气水和充气水的包装，然而，碳酸会通过瓶壁慢慢损失，会影响产品的货架期。PET瓶子可以重新回收，不易破碎，并且可以再回收利用。尽管塑料的再加工仍然处于发展的阶段，PET还是可以再回收利用的，人们正在研究能使回收的PET再用于食品接触的技术。目前再加工的PET材料大多数作为制造衣服、睡袋和刷子的原料，也用于制造热成型包装和胶卷等。

图3-21 PET瓶

2）PE瓶

PE瓶主要有LDPE瓶和HDPE瓶，在包装上应用很广，但由于其不透明和高透气性、渗油等缺点而很少用于液体食品包装。PE瓶的高阻湿性和低价格使其广泛用于药品片剂包装，也用于日用化学品包装。

一些国家采用HDPE材料来包装水，它具有重量轻、成本低、结实及可回收的特点。HDPE的缺点包括：不是一种透明材料；不能用于碳酸化水的包装；可能影响到水的感官特性。最新开发的HDPE瓶可用于充气水及其他饮料的包装。

3）硬质PVC瓶

硬质PVC瓶无毒、质硬、透明性很好，食品上主要用于食用油、酱油及不含气饮料等液态食品的包装。无毒食品级硬质PVC安全指标：树脂中的VC单体含量小于1mg/kg（25℃，60min）、正庚烷溶出试验的蒸发残留量小于150mg/kg。

4）PS瓶

PS瓶最大的特点是光亮透明、尺寸稳定性好，阻气防水性能也较好，且价格较低，因此，可适用于对O_2敏感的产品包装，但应注意的是它不适合包装含大量香水或调味香料的产品，因为其中的酯和酮会溶解PS。由于PS的脆性，PS瓶只能用注－吹工艺生产。

5）PP瓶

PP瓶，如图3-22所示，其耐温性能好，瓶型设计灵活，在安全性、卫生性和内容物的口感保持方面表现出色，价格比PET、PS、PE等材料便宜。采用挤（注）-拉-吹工艺生产的PP瓶，在性能上得到明显改善，有些性能还优于PVC瓶，且拉伸后重量减轻，节约原料30%左右，可用作奶瓶和饮水瓶。

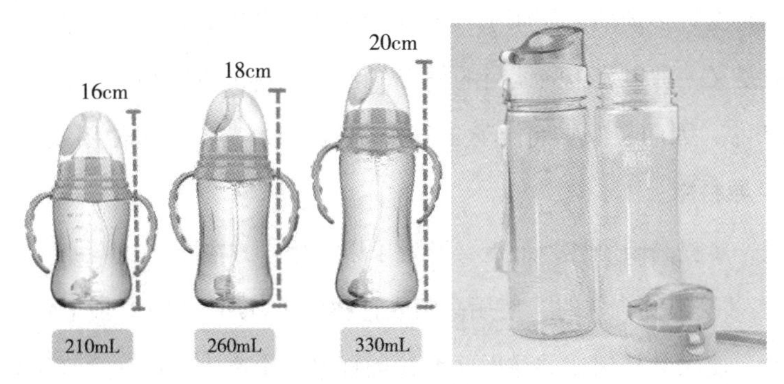

图3-22 PP瓶

6）PC（聚碳酸酯）瓶

PC瓶，如图3-23所示，经常被用于制造大容量的瓶子，采用注-吹成型方法。PC做的瓶子透明度很高，在这么多瓶里颜值是相当高的，而且做出来的瓶子还很耐摔，"硬件"实力相当好，耐热、耐冲击、耐油及耐应变，并可以回收再利用。但在制造PC瓶过程中，原料中的有害物质（双酚A）不一定能100%转化为PC，遇热就会释放到食品中。双酚A是内分泌干扰物质，对发育中的胎儿及小孩影响较大，因此PC瓶不能用作奶瓶，可用作饮水瓶，使用食品级的PC材料生产的PC瓶，其双酚A迁移到水中含量符合国标就安全了。

图3-23 PC瓶

3.6.2　碳酸饮料包装

传统的碳酸饮料包装是玻璃瓶及金属听罐，但目前阻隔性、透明性、强度均优良的塑料包装，已逐步取代玻璃瓶和金属罐。用聚对苯二甲酸乙二醇酯（PET）制成的饱和线型热塑性塑料瓶，材质轻，强度高，无色透明，表面光泽度高，呈玻璃状外观，可塑性和力学性能好，无毒无味，而且材料费用适中。但PET瓶在耐酸碱和耐温方面还有许多缺陷，如瓶子在60℃以上发生颈部软化和体积收缩。双轴定向的HDPE瓶是又一种包装碳酸饮料的材料，HDPE原料价格比PET便宜，而且重量轻，密度比PET小，因而在保质期低于2个月的碳酸饮料包装中可使用双轴定向HDPE瓶代替PET原料瓶。

为了进一步提高阻隔性，最近又开发了以下生产方法：

① 生产共挤出复合瓶时，使用高阻隔性树脂EVOH、PVDC或PAN，再加上适当的相溶剂，使用共挤出或共注射吹制拉伸技术，生产出多层次含高阻隔性材料的容器，使这种容器在包装碳酸饮料时有3个月以上的使用期；

② 高阻隔性PVDC或EVOH树脂，做成溶液胶在塑料瓶内或外或采用内外涂布的方法来提高塑料瓶的阻隔性；

③ 使用真空蒸镀氧化硅的方法提高塑料瓶的阻隔性，可以用化学蒸镀法、物理蒸镀法进行，在塑料瓶上镀一层氧化硅，是目前最新的技术；

④ 使用芳香族聚酰胺MXD6材料以及液晶聚合物材料生产包装用容器，虽然有良好的局限性，但是，目前由于原料树脂的价格很贵，还不能在工业生产上大规模采用，即使能用高温蒸气消毒后重新使用多次，价格也仍昂贵。

碳酸饮料包装，如图3-24所示，由于要求有良好的耐压力强度，因而不适于使用软塑包装材料。

图3-24　碳酸饮料包装

3.6.3 非碳酸饮料包装

由于非碳酸饮料不需要耐压力，因而其包装瓶除了塑料瓶外，还可大量使用软塑包装材料，如图 3–25 所示，使用热充灌杀菌包装，热充灌温度为 87.7℃。使用的热包装材料可以是各种聚乙烯、聚丙烯、聚苯乙烯和 PVC，也可以是价格较高的 PET 材料。无论是瓶状塑料容器还是纸 / 塑复合软包装材料，都应注意到内层材料的无嗅无味性，尽量采用低嗅的 PE 材料，防止在果汁中产生异味。橘子汁中含有大量维生素 C,而维生素 C 对氧比较敏感,因而要选择透氧性小的包材包装果汁饮料，以期有更好的保护功能。

图 3–25 非碳酸饮料包装

为了降低包装成本，可以充分使用再生塑料粒子。可以在塑料瓶或软塑包装袋的外层或中间层材料中使用再生塑料，而在内层同内容物接触层使用新料生产。例如，使用共挤出吹塑、挤拉吹或注拉吹法生产废 HDPE/ 新 HDPE、废 PET/ 新 PET，还可生产 HDPE/ 黏结性树脂 / 再生料 PE 或 PP/EVOH 的高阻隔性共挤吹塑瓶。使用共挤出片材经热成型或压空成型杯、盘、碟状后用于各种高酸性果汁饮料包装也已十分盛行，例如，PP/ 黏结性树脂 / EVOH/ 黏结性树脂 / PP 共挤出片材经热成型后可以热充灌杀菌后的高酸性果汁饮料，可达 3 个月的常温保存期。使用含铝箔的铝 / 塑 / 纸多层高阻隔软包装，可用于无菌包装果汁饮料，有一年以上的常温保质期。

3.7 乳制品包装——利乐砖

超市货架乳品包装琳琅满目，如何根据乳品性质及乳品的包装要求选择包装材料?

3.7.1 乳制品性质

乳挤出后，在贮存和运输中，由于用具、环境的污染，温度适宜，微生物很快在其中繁殖。乳一般情况下由于细菌繁殖导致酸化（因产生乳酸））产生凝结，或由于蛋白质分解发酵而败坏，多数细菌在环境温度为10~37℃时繁殖最快，乳中微生物活性的下限温度是0~1℃，上限约为70℃。因此在挤奶或加工后，应立即降至10℃以下，但是对于直接销售用的液态鲜乳由于乳冷冻后会引起滋味和物理结构的变化，因此不能进行冷冻贮存及运输。

氧化以及光辐射对乳的维生素等营养成分及味道也有影响。在光线的作用下乳会产生光照效应，日光能破坏乳中的核黄素和维生素C，乳中的抗坏血酸、维生素、维生素A、胡萝卜素及维生素B_1和维生素B_2等成分也会被光线分解。与蛋白质相比，乳脂肪不易败解，但在一定条件下也会败坏产生异味和气体。因此，乳是一种复杂而不稳定的液态食物，不仅在室温下，即使处于冷藏下也会发生多种自发变化。

3.7.2 乳制品包装要求

包装对食品的保护性、方便性、便于货架展示、提高品牌价值等的功能，在乳品包装上获得了充分体现。乳品包装已经直接影响到乳品的品质和市场销售，乳品市场的竞争在一定程度上已经演化为乳品包装的竞争。

（1）引起鲜乳败坏的因素

① 微生物的影响。受到微生物污染后会出现酸败、发臭、发黏、结块、变色。

② 光线照射。乳脂肪在日光照射下，会迅速变色并产生强烈的刺激味。这是由于不饱和脂肪酸氧化分解形成羟基、羧基类的物质。这会造成乳脂肪的酸败，酸败的速度取决于光照的强度及光的波长。

③ 温度影响。对乳制品应控制低温储藏，避免高温加热。冷冻会使鲜乳发生凝聚、分层，引起异味，破坏了乳品的物理结构。

（2）乳制品包装要求

① 卫生、安全这是食品包装最基本的要求。乳品包装材料，包括印刷油墨、复合胶黏剂、吹塑粒子和添加剂。溶剂、涂层等都必须符合食品包装安全卫生性能。采用适合的加工方法及有效的包装可以防止微生物的侵染，并杜绝有毒、有害物质

的污染，保证产品的卫生安全。

② 保护制品的营养成分及组织状态。通过合理的包装，可保证制品营养成分及组织状态的相对稳定，密封包装可防止乳粉吸潮或内存物的水分蒸发，还可阻断外来物的污染。凝固型酸奶的包装要具备防震功能。冰激淋的包装要防止组织变形。

③ 方便消费者。从产品的开启到食用说明，从营养成分到贮藏期限，所有包装上的说明及标示都是为使消费者食用更方便，更放心。比如易拉罐的拉扣，利乐包上的吸管插孔，任何一种包装上的更新都显示着这一发展趋势。

④ 方便批发、零售。制品从生产者到消费者手中必须经过这一途径，所有的包装，包括材料、规格等，必须适合批发、零售的要求。

⑤ 具有一定商业价值。现代包装从包装设计初始即根据其产品定位、市场评估作为调查的一项重要内容，首先，产品的包装可展示其内容物的档次，高档的制品其包装精美、给消费者卫生安全的感觉；其次，产品的包装要赢得消费者的好感，从颜色、图案等方面吸引消费者注意，增强其市场竞争力，起到良好的广告效应。

⑥ 满足环保要求。由于社会愈发关注环境污染，现代包装开始考虑环保要求，使用后的包装材料应能重新利用，或能采用适当的方法销毁，或能自然降解（包括微生物降解和光降解等），不会对环境带来污染。

3.7.3 乳制品的包装材料

根据乳制品性质及其包装要求，常选用复合包装材料，利乐砖是多层纸铝塑复合材料结构，能最大限度地保留营养的风味，安全性好，保质期长，常温储存，便于长途运输。

（1）复合包装材料的组成

复合包装材料是指由两种或两种以上不同性能的基材，通过层合、挤出贴面、共挤塑工艺技术组合在一起形成的有一定功能的复合材料，一般主要由三层组成，即基层、功能层和热封层。基层（又叫外层），主要起美观、印刷、阻湿等作用，使用 BOPP、BOPET、BOPA、KOPP、KPET 等；功能层（中间层）主要起阻隔、避光等作用，使用 Al、EVOH、PVDC 等；热封层（又叫内层与包装物品直接接触），具有适应性、耐渗透性、良好的热封性，以及透明性等功能，使用 LDPE、LLDPE、CPP 等。

（2）食品包装用复合材料的结构要求

1）内层要求

内层材料应当具有热封性、黏合性好、无味、无毒、耐油、耐水、耐化学品等性能，如聚丙烯、聚乙烯、聚偏二氯乙烯等耐热塑性材料，PE、CPP、EVA 及离子型聚合物等塑性塑料。

2）外层要求

一般来说，复合包装材料的外层材料应当是熔点较高，耐热性能好，不易划伤、磨毛，印刷性能好，光学性能好的材料，常用的有纸、铝箔、玻璃纸、聚碳酸酯、尼龙、聚酯、聚丙烯等。

3）中间层要求

三层以上复合材料的中间层通常采用阻隔气体与水分及遮蔽光线等性能好且机械强度高的材料，如铝箔、聚偏二氯乙烯、玻璃纸、纸、聚乙烯等。层与层之间则涂有黏合剂用于黏合，一般外层与中层材料之间使用溶剂型热固性聚氨酯黏合剂，内层与中层之间使用改性聚丙烯酸乳液黏合剂或用特殊改性的含羰基丙烯共聚树脂等。外层用黏合剂要求黏合强度高、工艺简单、成本低；内层用黏合剂要求耐高温、剥离强度高、无毒、无味，不影响食品的营养成分，能很好保持食品的色香味。

（3）复合包装材料的表示方法

从左至右依次为外层、中间层和内层材料，如复合材料纸 / PE/Al/PE，外层纸提供印刷任能，中间 PE 层起黏结作用，中间 Al 层提供阻隔性和刚度，内层 PE 提供热封性能。

3.7.4 不同乳制品的包装

（1）液态奶包装

1）巴氏杀菌奶包装

玻璃瓶是巴氏杀菌奶常见的包装容器，可反复使用。回收的玻璃瓶经过清洗、灭菌消毒处理，在自动灌装机上充填灌装，铝箔或浸蜡纸板封瓶。复合纸盒是目前已比较盛行的鲜乳包装，也可采用多层塑料袋包装，如铝箔与PE薄膜复合制成的“自立袋”。

屋顶盒，如图3–26所示，其典型产品为国际纸业生产的新鲜屋，为纸塑结构。屋顶型纸盒包装有其独特的设计、材质及结构，可有效阻隔氧气和水分，对光线同样有良好的阻隔性：可保持盒内牛乳的鲜度，有效保存牛乳中丰富的维生素A和维生素B。近年来，随着国内冷链系统不断完善，屋顶型保鲜包装系统在中国市场的销售量有了很大程度的提升。屋顶盒保质期7~10天，需冷藏，可微波炉直接加热，卫生及环保性好，货架展示效果好，便于开启和倒取。

图3–26　屋顶盒

复合塑膜袋，此种包装品种多，性能各异，占据了主要的中低端乳品包装市场。百利包、芬包、万容包等均是此类产品。三层黑白膜包装袋，价格低，保质期短；五层黑白膜包装袋，价格较高，保质期达90天；K涂共挤膜包装袋，价格适中，保质期长；镀铝复合膜袋，价格较低，保质期长；干式复合膜袋，其内层共挤膜性质决定其保质期，包装印刷精美。

2）超高温灭菌奶包装

经高温短时和超高温瞬时灭菌（HTST或UHT）的鲜乳，采用多层复合材料随

即进行无菌包装，常温下可贮存半年到一年，有效保存了鲜乳中的风味和营养成分。常用的有利乐砖和康美包，为多层纸铝塑复合材料结构（PE/Al/纸/PE），鲜奶在超高温瞬时灭菌后进行灌装，产品能最大限度地保留营养和风味，安全性好，保质期长，常温储存，便于长途运输。

（2）酸奶的包装

由于酸乳成品中含有大量的保加利亚乳杆菌和嗜热链球菌等活性乳酸菌，为保证乳酸菌的活性，需要低温冷藏，因此要求包装材料必须具备一定的耐低温性能。酸乳根据生产工艺分为发酵酸乳和灭菌发酵酸乳，根据产品的组织状态可分为凝固型酸乳和搅拌型酸乳。

常见酸乳的包装形式及材料如下：

① 联杯包装。有四联杯、六联杯、十二联杯等，联杯包装包括杯身和标签，杯身材料为PS片材吸塑成型，盖膜材料为铝塑复合膜，环标签有纸张膜内贴标签和收缩膜标签。在灌装过程中，PS片材塑杯成型、贴标、灌装、压盖膜和打印日期一次完成。为了适应市场需要，也采取了一些别具一格的包装形式，如子母型双杯、儿童型联杯、多口味联杯包装、联杯加分层灌装及儿童棒装等。

② 塑料瓶。塑料瓶包装一种为BOPP包装，BOPP瓶具有优异的耐高温性，耐热温度超过100℃，可经受超高温瞬时杀菌，也可以进行二次高温灭菌，瓶子不变形，且其质轻、高透明、耐低温性也好，适合北方低温气候环境下使用，不易破碎；另一种HDPE瓶包装，相对成本较低，塑瓶包装采用收缩标签或贴标来装潢。

（3）粉状奶制品的包装

奶粉是市场上最主要的固态乳制品，奶粉品种繁多，因原料组成、加工方法和辅料及添加剂的不同而异，有全脂乳粉、脱脂乳粉、奶油粉、乳清粉以及酪乳粉、奶酪粉、冰激淋粉等，其共同特点都是通过干燥制成的粉末状产品。

乳粉包装形式及材料有：

1）复合软包装

复合软包装乳粉形式多样，规格灵活，有四边封袋、立体袋、背封折帮袋等多种形式，是乳粉包装最主要的方式之一，常见的软包装结构有PET/Al/LDPE、PET/VMPET/LDPE、BOPP/VMPE/LDPE和PET/Al/PA/PE，其中VMPET是指聚酯

镀铝膜。

2）金属罐包装

金属罐主要是铝合金及马口铁材料，具有极好的阻隔性，货架效果档次较高，乳粉装罐后抽真空，充以 99% 以上纯度的氮气密封。

3）多层复合纸袋包装

采用高阻隔性的材料与纸张复合，可制成多种袋形。常用的材料结构为 PVDC / 纸 / Al / PE、纸 / PVDC/PE、纸 / PVDC/VMPET/PE 等。

乳粉制品保存的要点是防止受潮和氧化，阻止细菌的繁殖，避免紫外光的照射。包装一般采用防潮包装材料，如涂铝 BOPP / PE、K 涂纸 / Al/PE、BOPP / Al / PE、纸 / PVDC/PE 等复合材料，也可采用真空充氮包装，如使用金属罐充氮包装等。

3.8 比萨饼、汉堡包与三明治类的包装——微波包装

买回来的比萨饼可否采用微波加热直接食用呢？只要正确选择包装材料就可以。微波食品（Microwave food）并不是单独意义上的食品，它是指所有为适应微波加热（调理）的要求而采用一定包装方式制成的食品，即可采用微波加热或烹制的一类预包装食品，主要有两大类：①常温或低温下流通，经微波加热后直接食用的食品，如可微波速食汤料、可微波熟肉类调理食品、可微波汉堡包等；②冷冻冷藏下流通经微波加热调理（烹制）后才能食用的食品，如冷冻调理食品等。

3.8.1 微波加热与包装

微波是指波长在 1~1000mm、频率为 300MHz~30GHz 之间的电磁波。处在微波场中的食品物料，其中的极性分子（分子偶极子）在高频交变电场作用下高速定向转动产生碰撞、摩擦而自身生热，表现为食品物料吸收微波能而将其转化为热能使自身温度升高。微波加热的效果与包装材料和食品物料的介电性质有关，对微波的吸收性越强则能量转化率越高，温升越快。

微波食品的方便性之一是可将包装连同食品一起进行加热调理，在包装设计时就必须将包装作为加热容器来考虑。因此包装材料对微波的加热适应性，即对微波的吸收、反射与透过性能，以及对内装产品在加热时的影响，是微波食品包装时必须考虑的一个重要问题。食品连同包装一起在微波场中加热时，食品吸收微波生

热，温度逐渐升高，与食品直接接触的包装材料温度也会升高，同时包装材料本身也可以不同程度地吸收微波能而产热，这些作用会使包装材料的温度升高，特别是食品中含有油脂或油脂黏附于包装材料时，材料受热速度快且温度很高（常可达130~150℃），因此要求包装材料具有较高的耐高温性能。另外，由于微波食品有很大一部分是冷冻冷藏的调理食品，对此类食品的微波包装还要求包装材料具有良好的耐低温冷冻性能，脆折点要低。

3.8.2　微波包装材料的种类与性能

微波食品材料可以分为以下三类。

（1）微波穿透材料

此类材料又叫作微波钝性材料，它主要包括陶瓷、玻璃、纸张和塑料。在这类材料的包装中，微波的大部分能量穿过包装材料被食品吸收，而材料本身并不发热。虽然纸张中含有的水分和活动的离子会使其温度有一定升高，但其上升速度非常慢，所以可以忽略不计。

微波食品中最常用的穿透包装材料是热固性塑料托盘。包装材料的选择主要取决于食品加热温度的高低。由于聚丙烯和结晶化聚酯（CPET）具有较高的熔化温度（180~210℃），对大多数食品具有很高的稳定性，而且CPET还非常适合于普通方式的加热，所以在大多数情况下，微波食品采用上述两种材料包装。高水分含量的食品加热时，由于其温度很少超过100℃，往往采用熔点为125~130℃的高密度聚乙烯。然而，它不适于用来包装加热温度超过100℃的高脂肪或高糖食品。涂PET的纸板容器由于成本较低，也在微波食品包装上得到了较广泛的应用。但是，它在高温下容易变形或碳化。另外，高密度聚乙烯（HDPE）和部分以聚丙烯为基材的高温聚合物也得到了一定的应用。

（2）微波吸收材料

在微波食品包装材料中，有些材料可以吸收微波能量并且以热能的形式释放，这类材料称为微波吸收材料，并称它为微波感受器或接收器。近20年以来，它们一直被用来对食品进行脆化和烘烤加工。

①厚涂层材料。这种材料是在某种基材上涂布一层具有介电损耗性能的材料（如

颜料或黏合剂），包括铁磁体涂层在内的各种材料目前已经得到了广泛的应用。一般来讲，涂层材料应具有一定的导电性，当把它放在微波磁场中时，假如涂层的表面电阻合适，涂层中将会产生一定的电流，进而产生大量的热。铁磁体涂层常被用来改善微波炉内的磁能转化。铁磁体的一个重要性能是其磁性的温度依赖性。当铁磁体材料的温度升高到一定程度时，其磁性转变为顺磁性，在这个温度点上，材料对磁场不再反应，而具有透过性。然而此时它对电场并不具有类似的性质，因此限制了材料的应用。用镍合金涂层制作的材料正在试验之中，相信在不远的将来会得到广泛的应用。

② 薄涂层材料。这种材料是先把某种金属粒子（如铝）以热蒸镀或喷镀的方式沉积于塑料表面（厚度大约为 10mm），然后再把此塑料薄膜与具有热稳定性的牛皮纸以层压的方式复合在一起。这种材料最重要的性能之一是它的表面电阻性能，当金属涂层的厚度非常大时，其表面电阻为零，传到涂层表面的微波能量全部被反射回去。随着金属涂层厚度的减小，其表面电阻逐渐增加，吸收的微波量也逐渐增加。涂层厚度在最佳时，它可吸收微波能量的 50%。若微波厚度太小，其吸收的微波能量又可减少到零。此类薄膜在微波场中几秒钟内即可达到 250℃左右的高温，可作为加热板使用。日前商业用的微波感受器大都采用导电性微粒涂层的方法制造，其中最常用的是真空镀铝涂层。这些材料一般包括以下四层：加热层（12μm 厚的热固性双向拉伸聚酯）；薄金属涂层（真空镀铝，单位面积电阻 50~250Ω）；黏合剂层；基层材料（一般为纸或纸板），防止材料在加热进程中收缩或变形。

③ 新兴微波吸收材料。食品在微波炉中有时会产生不均匀加热现象。造成这种现象的原因有以下两个方面：微波炉空腔内驻波造成电场的过热或过冷点；大多数食品属于电场感受器，而包装材料也属于电场感受器，两者共同作用的结果会使微波炉内驻波加热的不均匀性更加明显，美国杜邦聚酯公司已研究出一种受电场和磁场共同作用的新型材料，它可以使微波加热的均匀性大大改善。

（3）微波反射材料

大多数金属材料反射微波而且不产生热量，材料表面的金属涂层厚度达到一定程度时，微波能量不能穿透，也不能被吸收而发热，只能被反射回去，常见的各种金属薄板、金属箔及厚涂层的铝箔复合材料等都是微波反射材料。微波反射材料在

微波食品包装上使用时容易使材料与炉壁之间产生电弧。因此，使用过程中需特别注意，目前该类材料一般用于微波的屏蔽。

3.8.3 对微波食品包装材料的要求

对微波食品包装材料的要求主要有以下几点：

① 确保食品的安全卫生，包装材料的安全性非常重要，卫生安全应符合卫生标准。

② 微波穿透性好，选用介电系数小的材料。

③ 具有耐热性，即耐热程度必须大于食品加热后的温度，能耐急速温度变化。

④ 具有耐寒性，对于低温流通的微波速食品而言，至少能耐 -20℃的低温。

⑤ 确保食品品质，耐油、耐水、耐酸、耐碱。

⑥ 具有方便性、多用途及廉价性，并符合环保要求。

3.8.4 微波食品包装材料的选择

微波食品包装材料，除了要求具有一般食品包装所需要的性能外，尚需适合各种不同微波食品的要求。微波食品包装用材料，可以是玻璃、陶瓷、塑料、纸等。目前常用的材料有以下几种。

（1）PET/ 纸

PET/ 纸具有较高的阻隔性能，目前被广泛用于包装各种饮料，同时它也是价格较低的一种微波食品包装材料。可用于包装冷冻主餐、晚餐、快速方便食品（TV 餐）以及冷冻和非冷冻的焙烤食品。该材料耐 205℃高温，既可用于微波炉，也可用于普通的烤炉，但不能以直接火焙烤。容器制作时可冲压成盘形或折叠成型。

纸浆模塑材料应用最多的是纸浆模塑托盘，为“双炉通用”性材料。这种托盘在纸浆模制后常用耐热性、阻水性很强的聚酯膜封口，一般有两层封口：下层铝箔上层塑料膜盖封，微波加热时可将铝箔去掉重新盖上塑料盖，在普通加热方式下，只需去掉塑料盖即可直接进行加热，很适合作为冷冻调理食品和米饭类的微波食品包装。

这种微波食品包装材料由于其本身能部分吸收微波能而被加热，如果在微波炉中加热时间过长，纸张存在因高温而被烤焦的危险，尤其是边角部分和含水分较低

的食品。因此，纸类包装微波食品最好使用带盖容器，使加热更均匀；在外观设计上要尽可能采用圆滑过渡，以避免局部过热现象的发生。

（2）CPET

PET 加工后由无定型变成结晶型，即成 CPET，其性能大为提高。CPET 通常耐热温度可达 230℃，在 225℃时仍有一定的刚性和热稳定性，在 –18℃时具有一定的耐寒冲击性、保香性，阻气性及耐油性均良好，属中档价格的普及型微波包装材料。

（3）聚 4 – 甲基戊烯（TPX）

聚 4 – 甲基戊烯是以 4 – 甲基戊烯为主的聚合物。熔点为 230~240℃（结晶熔点 235℃），介电常数稳定，保持在 2.12 左右，密度为 $0.83g/cm^3$，是塑料中最轻者。透明性良好，可见光透过率大于 90%，介于有机玻璃与聚苯乙烯之间。但易受氧化和光辐射作用，受热要变黄，无毒，安全卫生。TPX 属于价格低廉的一种包装材料。

（4）PP 系列材料

PP 是聚烯烃类廉价材料中最耐温的一种。PP 膜使用温度范围为 –20~120℃。可以包装油分较少的微波食品。在制作包装容器时，可以使用 PP 单体，也可以与其他材料做成共挤物容器，如 PP/EVOH/PP、PP/PVDC/PP、PP/PVDC 多层共挤料和 PP/PE 等。

（5）其他

除上述材料外，还有硬化 PET，即 30%PET+50% 碳酸钙 +20% 玻璃纤维混合材料加热成型的高级容器。磁性容器，为一种用磁性粉末与热硬化 PET 混合热成型的容器。PPO/PS 容器，是 PPO 与结晶 PS 混合制成的耐热容器等。PC、CPET、PA/PP、PP/CPP、PET/PE 等适合于长时间微波加热食品，PA/PE、EPS、PE、SAN 等可用于短时加热的微波食品包装。CPET、PC 等常制成托盘使用，在各种微波食品中都有应用，特别是在冷冻调理食品中应用很广泛。

PVC、PVA 等极性材料则不适合用于微波食品包装。尽管 EPS 保温性能优良，对微波的透过能力也很好，但是它在高温下具有单体迁移的危险性且容器易于变形，因此也不太适合用于微波食品包装，特别是对于高脂肪食品如油炸食品、肉汁、奶酪沙司和含奶油的食品更不适宜采用。

由于用铝箔和某些塑料的复合材料制成的包装具有不透明、不易回收且不能用于微波加工的缺点，近几年研究开发的镀SiO材料可以作为其替代品。SiO，是在PET、PA、PP上镀的一层硅氧化物，这种镀膜具有高阻隔性、高微波透过性、透明性，可用于高温蒸煮、微波加工等食品软包装，也可制成饮料和食用油的包装容器。

3.8.5　典型微波食品包装

（1）冷冻调理食品微波包装

冷冻调理食品的微波包装一般采用CPET、PC、纸浆模塑托盘等包装，涂塑铝箔封口，也可以采用盐酸橡胶薄膜拉伸裹包。

盒中袋式包装时常采用复合薄膜袋外套纸盒，使用的复合薄膜主要有：PA/LLDPE、PP/EVOH/PE以及各种铝箔复合薄膜等。

（2）比萨饼、汉堡包与三明治类微波包装

1）比萨饼微波包装

采用纸盒和外覆塑料薄膜包装，纸盒的底面和内表面有支撑物，在微波加热时纸盒被托起离开炉底一定距离，便于金属表面反射的微波透入包装，同时食品被托起离开纸盒，纸板上留有出气孔，撕去塑料薄膜后使微波加热时产生的水蒸气可以逸出包装，从而防止水分重新被比萨饼所吸收，避免了比萨饼变软和潮湿。

2）汉堡包微波包装

采用纸盒包装，纸板材料的中间部分复合有铝箔，除顶盖外其他五个面是屏蔽的。用于包装冷冻汉堡包时，将汉堡包放在微波中加热时两个半块面包在盒子的底部，小馅饼则在顶部；小馅饼因暴露在满功率的微波加热能量之下迅速被加热，而两个半块面包接收到的微波能量则相对较少，但足够其解冻和加热。

3）三明治微波包装

用不透水的薄膜进行裹包，面包的底部采用铝箔屏蔽包装，面积至少达到5%～10%。

（3）其他类食品微波包装

1）圣代冰激淋包装

将冰激淋与其顶端的配料分开，上面的配料可以被微波加热，而下面的冰激淋被完全屏蔽仍然保持其冷冻状态。当用微波加热后，两层之间的包装可以被刺破，这样融化的顶端配料就可以挂到冰激淋上，或将其浇到冰激淋上。使用这种包装消费者就可以同时吃到一冷一热的圣代，很有新奇感。

2）可产生褐变的微波包装

这是一种可用微波加热的纸盒包装，在纸盒上面开有气孔，里面套有一只有垫脚的托盘，外包装是可撕开的薄膜。当薄膜被撕开时就会露出排气孔，微波加热过程中产生的水汽可以通过此孔散发出去。托盘根据需要选择可以吸收微波的材料作涂层，使与托盘接触的食品表面能够发生褐变和松脆，也可以进行屏蔽设计以防止比萨饼顶端的配料等食品的过度加热。

3）微波爆玉米花包装

将专用玉米与调料混合后微压成块状，然后用纸塑复合材料真空包装，最后将包装袋整理折叠后进行外包装。为保证玉米膨爆后包装袋不破裂，要求包装能耐受一定强度的内压，同时包装袋展开后的有效内容积应大于袋内玉米膨爆后的体积。使用时可以直接将内包装放入微波炉中加热，随着膨爆的进行，产生的气体将包装袋撑开使玉米可以散开。

3.9 解决"白色污染"的神器——绿色包装材料

2020 年 7 月国家发改委和生态环境部联合下发了《关于进一步加强塑料污染治理的意见》，要求从 2021 年起特定场所禁用不可降解塑料袋。为解决"白色污染"世界难题，必须大力研究和开发绿色包装材料。

"绿色包装材料"是 1987 年联合国环境与发展委员会《我们共同的未来》报告中首次提出的概念，所谓绿色包装材料（Green packaging material）是指在生产、使用、报废及回收处理过程中，能节约资源和能源，废弃后能够迅速自然降解或再利用，不会破坏生态平衡，且来源广泛、耗能低，易回收且再生循环利用率高的材料或材料制品。包装材料是决定包装否是"绿色包装"的关键，不仅在现在，即使在将来，对包装来说一个最重要的课题就是开发无公害的包装材料，而这种包装材料就是绿色包装材料。

绿色包装材料的概念充分体现了人与自然的协调关系，即要求包装材料与自然融为一体，能取之于自然，又能回归自然。也就是说它所用的材料要来自自然，

通过无污染的加工形成绿色产品，经使用后丢弃又可以回收处理，或回到自然，或循环再造。其整个过程如人们所想的那样构成真正的绿色循环。所以绿色包装材料本质上涵括了保护环境和资源再生两方面的含义，它所经历的整个过程可成为包装材料的生命周期，它形成了一个封闭的环，一个真正符合自然规律的生态自然循环。

绿色包装材料按照环境保护要求及材料使用后的归属大致可分为三大类：一是可回收处理再造的材料，包括纸张、纸板材料、模塑纸浆材料、金属材料、玻璃材料，通常的线型高分子材料（塑料、纤维），也包括可降解的高分子材料。二是可自然风化回归自然的材料，包括：①纸制品材料（纸张、纸板、模塑纸浆材料）；②可降解的各种材料（光降解、生物降解、氧降解、光／氧降解、水降解）及生物合成材料、草、麦秆填充、贝壳填充、天然纤维填充材料等；③可食性材料。三是准绿色包装材料——即可回收焚烧、不污染大气可能量再生的材料，包括部分不能回收处理再造的线型高分子、网状高分子材料、部分复合型材料（塑－金属）、（塑－塑）、（塑－纸）等。

3.9.1 重复再用和再生的包装材料

包装材料的重复再用和再生利用是现阶段发展绿色包装材料最切实可行的一步，是保护环境、促进包装材料再循环使用的一种最积极的废弃物回收处理方法。如推行啤酒、饮料、酱油、醋等玻璃瓶多次重复使用，瑞典等国家实行聚酯（PET）饮料瓶和 PC 瓶的重复再用达 20 次以上。荷兰 Wellman 公司与美国 Johnson 公司对 PET 容器进行 100% 的回收，并且获得 FDA（美国食品药品监督管理局）批准，可热灌装而不发生降解，且比一般纯净 PET 或有夹层的 PET 更便宜，在欧美直接可以用于饮料食品的包装。

重复再用包装，如啤酒、饮料、酱油、醋等包装采用玻璃瓶反复使用。再生利用包装，可用两种方法再生，物理方法是指直接彻底净化粉碎，无任何污染物残留，经处理后的塑料再直接用于再生包装容器。化学方法是指将回收的 PET 粉碎洗涤之后，在催化剂作用下，使 PET 全部解聚成单体或部分解聚、纯化后再将单体重新聚合成再生包装材料。

3.9.2 可降解材料

可降解材料是指在特定时间内造成性能损失的特定环境下，其化学结构发生变化的一种塑料。可降解塑料包装材料既具有传统塑料的功能和特性，又可以在完成使用寿命之后，通过阳光中紫外光的作用或土壤和水中的微生物作用，在自然环境中分裂降解和还原，最终以无毒形式重新进入生态环境中，回归大自然。

可降解包装按照它的降解机理可分为生物降解材料和非生物降解材料两大类，目前，在包装领域中应用价值较大的可降解材料有光降解塑料、生物降解塑料和光／生物双降解塑料。

（1）光降解塑料

被光照射后能发生降解的塑料称为光降解塑料。光降解的塑料制品一旦埋入土中，失去光照，降解过程则停止。光降解塑料的生产工艺简单、成本低，缺点是降解过程中受环境条件影响大。目前，光降解塑料主要是合成型与添加型两种。国外主要用于饮料瓶、购物袋、地膜等。国内以添加型为主，仅用于地膜与一次性新型快餐盒。光降解本身受地理、天气制约大，很难达到较准的时控性，且为不完全降解。

合成型（共聚型）光降解塑料主要通过共聚反应在高分子主链引入羰基型感光基团而赋予其光降解特性，并通过调节羰基基团含量可控制光降解活性。通常采用光敏单体 C＝O 或烯酮类（如甲基乙烯酮、甲基丙烯酮）与烯烃类单体共聚，可合成含羰基结构的光降解型 PE、PS、PVC、PET 和 PA 等。其中对光降解 PE 研究最多，这是因为 PE 降解成分子量低于 500 的低聚物后可被土壤中微生物吸收降解，具有较高的环境安全性。目前已实现工业化的光降解性聚合物有乙烯—C＝O 共聚物和乙烯－乙烯酮共聚物，可用于农膜、包装袋、容器、纤维、泡沫制品等。

将光敏助剂添加到通用高分子材料中可制得光降解高分子材料。可控光降解塑料是降解塑料向深层发展的重要方向，它除了具有光降解的必备特性外，还必须具有特定的光降解行为。实验表明，在紫外光谱区 200~400nm 处各种光敏剂均出现强度不等，但有明显吸光强度的吸收峰。可见，在光的作用下光敏剂可离解成具有活性的自由基，进而引发聚合物分子链断链连锁反应达到降解作用。

（2）生物降解塑料

生物可降解高分子材料在环境中可由微生物酶活性降解，如细菌、真菌酶和藻类。它们的高分子链由非酶过程打断，如化学水解。生物降解将它们转换为二氧化碳、甲烷、水、生物质、腐殖酸物质以及其他自然物质，生物可降解高分子材料自然也就由生物过程循环利用。生物降解塑料主要的种类有淀粉基改性的不完全降解高分子材料和可完全降解的聚乳酸（PLA）、聚羟基脂肪酸酯（PHA）和聚丁二酸丁二醇酯（PBS）高分子材料。

由于石油是不可再生的资源，蕴藏量有限，迫使人们更加关注可再生资源的开发利用。根据美国信息能源署的预测，到 2025 年，世界石油资源的储量（包括未探明储量为 29468 亿桶），按 2016 年全球石油供给能力达到 1.006 亿桶 / 天，2030 年消耗量增加到 1.18 桶 / 天估算，目前探明的石油资源仅可再用 30 多年。为应对日益逼近的能源危机和资源约束，一些利用可再生资源，如木材或其他植物等，生产新型高分子材料，替代以石油资源为来源的传统高分子材料的技术也应运而生。

1）聚乳酸（PLA）

聚乳酸是一种线型脂肪族聚酯，由天然乳酸缩聚或者丙交酯的催化开环制得。生产聚乳酸所需的乳酸和丙交酯可以通过可再生资源发酵、脱水、纯化后得到，所得的聚乳酸一般具有良好的机械和加工性能，聚乳酸可以制成纤维和薄膜。聚乳酸薄膜的透水透气性都比聚苯乙烯薄膜要低。由聚乳酸制成的产品，生物相容性、光泽度、透明性、手感和耐热性好，由于水和气体分子是通过聚合物的无定型区扩散的，因此通过调节聚乳酸的结晶度可以调节聚乳酸膜的透水透气性。主要应用的是 PLA 热压产品，如水杯、外卖食物餐盒等。PLA 中的酯键对化学水解作用和酶催化作用都很敏感，PLA 制品废弃后在土壤或水中，30 天内会在微生物、水、酸和碱的作用下彻底分解成二氧化碳和水，不会对环境产生污染，是一种完全具备可持续发展特性的环境友好的高分子材料，被称为“21 世纪的环境循环材料”。但是，聚乳酸等生物塑料与其他高分子材料一样，耐热性差，材料弹性模量易随温度升高而明显下降，使用也受到一定限制。另外，其成本高也是目前制约其大量应用的另一个原因。

2）聚羟基脂肪酸酯（PHA）

聚羟基脂肪酸酯是由很多微生物合成的一种细胞内聚酯，在生物体内主要作为碳源和能源的贮藏性物质而存在。聚羟基脂肪酸酯是一种天然的高分子生物材料，它具有类似于合成塑料的物理化学特性及合成塑料所不具备的生物可降解性、气体相隔性等许多性能。

PHA 是生物材料中重要的一员，其结构多样、性能可变，由于它是一个组成广泛的家族，从坚硬到高弹性的性能使其可以满足不同的应用需要。独特的优点是还具有生物可降解性和生物可相容性，用 PHA 制作各种容器、袋和薄等，可大大减少这些废弃物对环境的污染。PHA 产品与其他可再生资源型塑料相比，具有更好的抗热湿气性能，用 PHA 制成的薄膜其透氧率仅为聚丙烯的 1/40，并具有很强的抗紫外线能力。对食品保鲜更为有利，可以在食品包装上大显身手。

PHA 既是一种性能优良的环保生物塑料，又具有许多可调节的材料性能，随着科技的进步，其成本的进一步降低以及高附加值应用的开发，PHA 发展的潜力更大，其应用的空间也更大。

3）聚丁二酸丁二醇酯（PBS）

聚丁二酸丁二醇酯由丁二酸和丁二醇经缩合聚合合成，属热塑性树脂，加工性能良好，力学性能优异，耐热性能好，热变形温度和制品使用温度可以超过 100℃。具有良好的生物相容性和生物可吸收性，无嗅无味，易被自然界的多种微生物或动植物体内的酶分解、代谢，最终分解为二氧化碳和水，是典型的可完全生物降解聚合物材料。

PBS 在 20 世纪 90 年代进入材料研究领域，并迅速被推广应用，属于通用型生物降解塑料，是目前包装材料领域的研究热点材料之一。

（3）光 / 生物降解塑料

光 / 生物降解塑料是利用光降解机理和生物降解机理相结合的方法制得的一类塑料，克服了因光线不足而降解困难和生物塑料加工复杂、成本高的缺陷。它以光降解为基础，添加热氧化剂和生物诱发剂等使不直接接受光作用的部分材料继续降解，从而使大分子断裂，降解为可被微生物吞噬的低分子化合物碎片。部分材料掺有诱发光化学反应的可控光降解剂，它使塑料在规定的诱导期之前不被降解，具有理想的可控光分解曲线，在诱导期内力学性能保持在 80% 以上。达到使用期以后，力学性能迅速下降。光 / 生物降解高分子材料可分为淀粉型和非淀粉型两种。

3.9.3 可食性包装材料

随着工业发展而诞生的塑料制品，因其价格便宜，性质稳定、优良，广泛应用于食品包装保鲜。但是，塑料包装使用后遗弃在环境中不易分解腐烂，会造成“白色污染”，有的塑料包装食品容易产生有害气体和异味，对人体还具有一定的毒害作用。因此，采用新型可食性膜包装替代塑料包装，成为食品包装发展的新趋势。

可食性包装材料按其名称可解释为可以食用的包装材料，也就是当包装的功能实现后，即将变为“废弃物”时，转变为一种食用原料，这种可实现包装材料功能转型的特殊包装材料便称之为可食性包装材料。

（1）可食性包装材料的种类

可食性包装材料按照其特点和作用分为可食性包装膜、可食性纸和可食性容器等材料。

1）可食性包装膜

① 蛋白质类可食性膜。蛋白质类可食性包装材料是以蛋白质为基料，利用蛋白质的胶体质，同时加入其他添加剂改变其胶体的亲水性而制得的包装材料。蛋白质可食性膜多为包装膜，根据蛋白质的来源不同，可分为胶原蛋白薄膜、乳基蛋白薄膜及谷物蛋白薄膜。这三种蛋白质薄膜的基料或来源见表 3–3。蛋白质可食性膜的透水蒸气率较高，比普通的包装林料（如 PE、PP、PVC）高 2~4 个数量级，其阻氧性较好，它本身就是人体所需的营养成分，安全性高。

表 3–3 多蛋白质不同可食性膜的基料来源

蛋白质薄膜名称	基料或来源
胶原蛋白薄膜	动物性蛋白质
乳基蛋白薄膜	乳清蛋白、干酪蛋白或其两者组合蛋白
谷物蛋白薄膜	大豆蛋白、玉米蛋白、小麦、谷物、米糖、花生、禽蛋及鱼类高蛋白

② 多糖类可食性膜。多糖类可食性膜主要是利用食物多糖的凝胶作用，以多糖食品原料为基料所制得的包装材料。多糖类可食性膜根据其基料的不同，大体上可分为纤维素薄膜、壳聚糖薄膜及水解淀粉薄膜等三种形式。这三种薄膜的组成基料或基料来源见表 3–4。

表 3–4　多糖类不同可食性膜的基料来源

多糖薄膜名称	基料来源
纤维素可食性膜	甲基纤维素、羟丙基甲基纤维素、果胶等
壳聚糖可食性膜	壳聚糖、水产贝类提取物
水解淀粉可食性膜	谷物淀粉糊化与水解

③ 复合型可食性包装膜。复合型可食性包装膜的研究和应用是当前的发展趋势。美国威斯康星大学食品工程系在研究开发可食性包装材料中，将不同配比的蛋白质、脂肪酸和多糖结合在一起，制造成一种可食用的包装薄膜。这种包装薄膜，脂肪酸分子越大，其缓阻水分遗失的性能越好，同时由于复合膜中蛋白质、多糖的种类、含量不同，膜的透明度、机械强度、印刷、热封性、阻气性、耐水耐湿性表现不同，因此可以满足不同食品包装的需要。我国研制成功的复合包装膜以玉米淀粉为基料，加入海藻酸钠或壳聚糖，再配以一定量的增塑剂、增黏剂、防腐剂，经特殊工艺加工而成，可用于果脯、糕点、方便面汤料和其他多种方便食品的内包装，其主要特点是，具有较强的抗张强度和延伸性，以及很好的耐水性。

2）可食性包装纸。

可食性包装纸是一种用可以食用的原料加工制成的像纸一样的包装材料，目前市场上出现的可食性纸可以分为两大类：一类是将常用的食品原料如淀粉、糖等进行糊化，加入一些调味的物质，再进行定形化处理，从而得到一种像纸那样薄的包装材料；另一类是把可以食用的无毒纤维进行改性，然后加入一些食品添加剂，制成一种可食用的“纸片”，用来做食品包装。

3）可食性包装容器。

制作这种容器的材料，不仅可以食用，而且还由于加入有熏味、酱味、鸡味以及酸、辣、咸等添加剂而具有不同风味。澳大利亚已生产出盛装炸土豆的可食性容器。可食性汉堡包盒、肉盘及蛋盒等新产品，受到了世界许多国家的关注。

（2）可食性膜包装在食品工业中的应用

1）在果蔬保鲜中的应用

英国科学家研制成一种可食用涂膜保鲜剂，是由蔗糖、淀粉、脂肪酸的聚酯物制成的，采用喷涂、刷涂或浸渍方法涂于柑橘、苹果、西瓜、香蕉和番茄等果蔬表面从而延长水果的保鲜期。国外有一种名为“Semperfresh”的可食性涂膜剂是由单甘酯、二甘酯与蔗糖和羧甲基纤维素制成的，可延长芒果的保鲜期。

在切分果蔬的保鲜方面，美国的一家食品公司利用干酪和从植物油中提取的乙酰单甘酯制成薄膜，将它贴在切开的瓜果蔬菜表面，可以达到防止果蔬脱水、褐变以及防止微生物侵入的目的，使切开的果蔬也能长时间的保持新鲜。日本蚕丝昆虫农业技术研究所利用废蚕丝加工保鲜膜取得成功，用该膜包装马铃薯后置于25℃、相对湿度21%的室内，10天后仍未发现马铃薯有褐变与变质现象，可以达到与冷库贮存保鲜同样的效果。

2）在肉制品加工与保鲜中的应用

在肉制品加工与保鲜中，胶原蛋白膜是最成功的工业用例子，在香肠生产中胶原蛋白膜已经大量取代天然肠衣（除了那些较大的香肠需要较厚衣外）。另外，大豆蛋白膜也可用于生产肠衣和水溶性包装袋。有实验表明，用胶原蛋白包裹肉制品后，可以减少汁液流失、色泽变化以及脂肪氧化，从而提高了保藏肉制品的品质。例如，用胶原蛋白涂敷冷冻牛肉丁，可减少牛肉丁在冷冻贮藏时的损耗，且解冻后的汁液流失也降低。英国推出一项利用海藻糖保存食品的新技术，用于保鲜肉类，可使肉类所含的维生素保持完好，其色、香、味和营养成分都没有改变，与新鲜食品相比毫不逊色；乳清蛋白膜涂敷在大鳞大马哈鱼上，可以减少其在冷冻贮存期间的过氧化物值，从而提高了其贮存品质。

3）在焙烤制品中的应用

将壳聚糖或玉米醇溶蛋白膜液涂敷在面包表面，可以防止面包失水而干裂。用玉米醇溶蛋白为主的膜可使山核桃的保质期从1个月延长到3个月（70℃，相对湿度50%）。乳清蛋白膜涂敷在焙烤的花生表面，可显著地降低氧的吸收从而减少花生的败坏。

4）在糖果工业中的应用

在糖果工业中，对于巧克力以及表面抛光的糖果生产来说，由于挥发性组分扩散的规定增加了使用限制，所以用水溶性添加剂取代通常所用的含挥发性有机组分的涂膜剂是必要的。用乳清蛋白可以显著地减少糖果中挥发性有机组分的扩散。此外，我国研制的玉米淀粉、海藻酸钠或壳聚糖复合包装膜，可用于果脯、方便面、

汤料及多种方便食品的内包装，动植物胶膜已应用于冻虾、冰激淋等冷冻食品上；大豆分离蛋白膜用于减少葡萄干等小食品水分迁移等。

（3）纸材料

纸的原料主要是天然植物纤维，在自然界会很快腐烂，不会造成污染环境，也可回收重新造纸。纸浆模塑制品是用可完全回收循环使用的植物纤维浆或废弃纸品作基础材料，采用独特的工艺技术制成的一种广泛用于食（药）品盛放、电器包装、种植育苗、医用器皿、工艺品底坯和易碎品衬垫包装等领域的无污染新型绿色环保包装材料。以纸浆模塑技术生产的餐具制品及工业包装制品是真正的环保产品，它以天然植物纤维或废纸为原料，生产过程和使用过程无任何污染。纸浆模塑制品除了在代替一次性塑料餐具方面有积极作用外，也广泛应用于工业产品尤其是电子产品的包装，纸浆模塑制品正逐步进入商业活动的主流，它是目前泡沫型制品的最佳替代产品，纸浆模塑制品行业正蓬勃发展。

纸浆模塑制品在食品包装中的应用：

1）缓冲包装材料

禽蛋缓冲包装（托盘）。纸浆模塑制品尤其适用于鸡蛋、鸭蛋、鹅蛋等禽蛋的大批量运装。目前，国内定型生产的已有 GB 10443—1989 颁布的 ZDIP-30-40，ZDTP-30-45，mP-30-50 三种鲜蛋托盘，分别用于 41~70g 的禽蛋包装。

鲜果类缓冲包装（托盘）。纸浆模塑制品大量被用作水果运输包装，除利用其缓冲性能保护作用外，还可防止水果间的接触碰撞和摩擦擦伤，还可以散发“闷热”、吸收水分、抑制“乙烯浓度”，特别是盛夏或热带地区，由于纸浆模塑托盘不阻隔呼吸热，能吸收蒸发水分从而防止鲜果腐烂变质，起到其他包装无法起到的作用。

2）新鲜食品包装托盘

主要是供小批量销售用的新鲜食品预包装，用在青菜、水果、肉类、鱼类等副食品的包装上。

3）一次性餐具

近年来，采用漂白浆为原料的纸饭盒（如方便面碗、快餐盒）、纸杯、盘碟、碗等得到食品卫生管理部门和消费者的肯定，随着生产成本的降低，越来越被人们所接受。

附 1 扫一扫·发现更多精彩

（1）塑料污染与可降解塑料

（2）PET 瓶选用

（3）PC 瓶选用

附 2 参考文献

［1］章建浩 . 食品包装技术［M］. 北京：中国轻工业出版社，2019.

［2］李良 . 食品包装学［M］. 北京：中国轻工业出版社，2017.

［3］章建浩 . 食品包装学［M］. 北京：中国农业出版社，2009.

［4］吴永军，李四红 . 高分子包装材料［M］. 北京：北京工业出版社，2020.

［5］麻莳立男 . 神奇的薄膜［M］. 北京：科学出版社，2011.

第四讲 高分子与“住”

提到“住”，可能大家首先想到的是建筑用的水泥、钢材和木材，其实以高分子材料为主要部分的化学建材已成为继木材、水泥、钢材之后的第四大类建材，已经在房屋建筑、装修、装饰以及桥梁、道路工程建设中得到广泛的应用。

由于具有良好的使用性能和装饰效果，高分子建筑材料作为新型绿色节能环保的建筑材料，显示出了良好的发展趋势，正逐步代替越来越多的传统建筑材料，已成为构成我们家园的重要材料。

在建筑物上使用的高分子材料中，塑料用量最大，常见的有塑料门窗、管材及管件、装饰装修板材、壁纸、防水卷材，等等。电线外层绝缘材料也是塑料材料；橡胶可用作密封材料、防水材料；胶黏剂用于木材加工和混凝土施工；涂料的使用范围则遍及所有装修、装饰场合。

4.1 输送水电气，高分子材料不可少

现代的建筑，一定要通水、通电，大部分的住宅还要通燃气，必须用到管道和电线电缆。通常，塑料管道按照应用领域来分类，某个应用领域可以选择不同的管道，同一种材料的管道也可以应用于多个领域。随着应用领域的不断扩大，塑料管材品种也在不断增加中。

与金属管和水泥管相比，塑料管材具有很多优势，如：重量轻，耐腐蚀性好，管内表面光滑、摩擦系数小，流体阻力小，可降低流体输送的能耗，综合节能好，运输方便，安装简单，使用寿命长；可以按照需要制造各种颜色的管材，成型温度和制造能耗低。因此，塑料管道广泛应用于建筑给排水、城乡给排水、城市燃气、电力通信、光缆护套和消防等各项市政领域。

塑料管材按材质可分为聚氯乙烯（PVC）管、聚乙烯（PE）管、聚丙烯（PP）管、

聚丁烯（PB）管、工程塑料（ABS）管、复合管，等等，从产品结构上，可分为实壁管、发泡管、波纹管、加筋管、缠绕管和内螺旋管等。

普通塑料管材的生产采用挤出法生产，将配制好的塑料材料在挤出机中通过加热、加压而使物料成为面团似的熔体状态，被挤压连续通过环形断面的口模，然后定型、切断或者卷取，从而得到塑料管材。

电线也是通过挤出法生产的，只是在挤出塑料的同时，将金属导线包覆在塑料中。

以下将通过几种常见的塑料管道、塑料电线与线槽，让我们初步认识塑料在输送水电气方面的应用以及背后的高分子知识。

4.1.1 多变的聚氯乙烯塑料管

聚氯乙烯塑料管种类繁多，从外观而言，有硬质的，也有软质的，有透明的，也有不透明的，还可以制成内外层硬质而中间为泡沫塑料的管材、含有增强纤维或金属的复合管材。我们常见的硬质不透明的排水管、花园里浇水用的透明塑料软管都是由聚氯乙烯塑料制得的。

聚氯乙烯，简称 PVC，是一种常见的合成树脂，最初于 20 世纪 30 年代在德国开始工业化生产，曾经是塑料中产量最大的一种，目前已被聚乙烯、聚丙烯超过而退居第三位。

聚氯乙烯是一种极性的高分子化合物。高分子内原子间主要由共价键连接，成键电子对的电子云偏离两成键原子的中间位置的程度，决定了键是极性的还是非极性的以及极性的强弱。分子中的正负电荷分布各有一个中心，正负电荷中心相重合的分子为非极性分子，不相重合便形成极性分子。如图 4–1 所示，聚乙烯的分子对称、正负电荷中心重合，为非极性聚合物；而聚氯乙烯分子中，氯原子对电子的吸

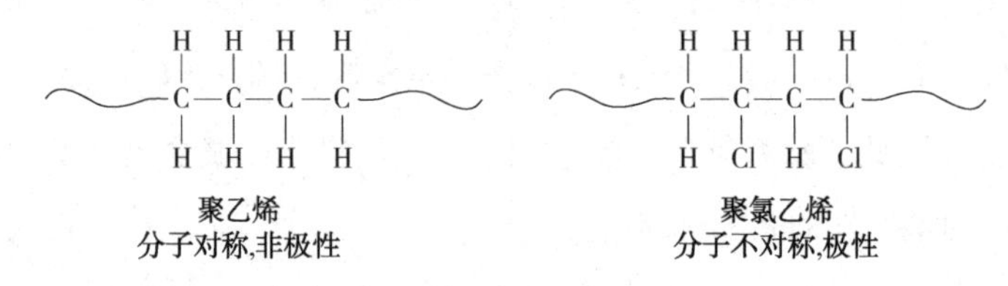

图 4–1 非极性分子与极性分子示例

引力大于氢原子，故氯原子一端带电负性，氢原子一端带正电性，正负电荷中心偏离，为极性分子，正负电荷中心偏离越多，极性越大。

相对于非极性分子而言，极性分子之间由于电荷间的相互吸引，分子间作用力大，破坏材料需要更大的外力，如图 4–2 所示，聚氯乙烯这样的极性高分子的拉伸强度通常较高，制品较硬。

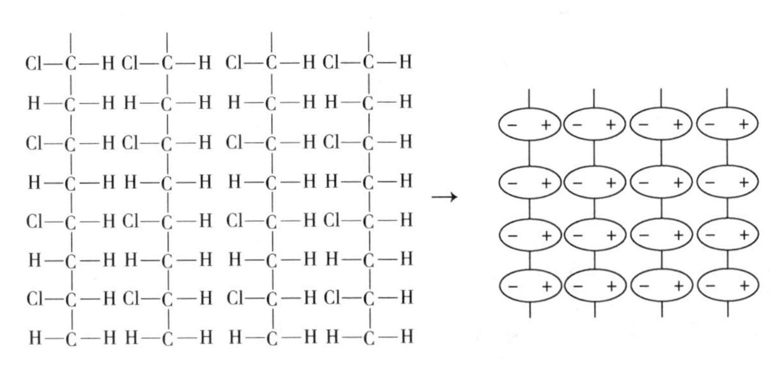

图 4–2　聚氯乙烯分子的极性

聚氯乙烯塑料是以聚氯乙烯树脂为基体，加入了多种助剂配制而成的多组分塑料。各种组分都直接影响到聚氯乙烯的性能，通过改变配方，可制得软硬程度不同、性能各异的聚氯乙烯塑料材料和制品。可以说聚氯乙烯塑料是塑料中配方组分最多、性能变化范围最大的一种。

（1）硬聚氯乙烯管与软聚氯乙烯管

聚氯乙烯塑料中常用的助剂有热稳定剂、润滑剂、增塑剂、着色剂、填充剂、增强材料，等等，其中的增塑剂正是能够得到不同软硬的聚氯乙烯制品的关键。增塑剂的加入可以改善塑料的塑性、提高柔韧性，在使用温度范围内使塑料制品的柔韧性、弹性和耐低温性能得到改善。

从图 4–3 可以了解增塑剂为什么会降低聚氯乙烯塑料的硬度。增塑剂通常包含极性与非极性部分，例如增塑剂邻苯二甲酸二（2– 乙基）己酯（DOP）分子包含极性的酯基与非极性的烷基部分。

当在聚氯乙烯中加入 DOP 后，一是使得聚氯乙烯分子之间的距离增大，二是原来聚氯乙烯分子之间的相互吸引力变成了聚氯乙烯分子与 DOP 分子之间的吸引

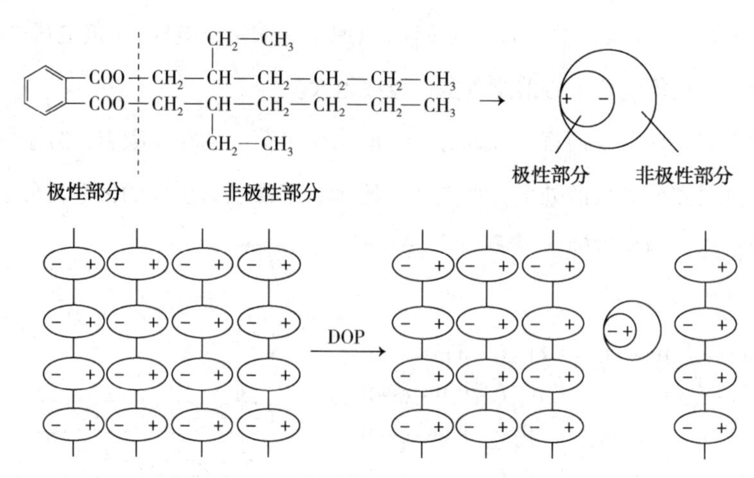

图 4–3　DOP 增塑剂对聚氯乙烯的增塑示意图

力。这两者都使聚氯乙烯分子之间的吸引力显著降低，聚氯乙烯长链分子变得容易活动，添加了增塑剂的聚氯乙烯制品显示出较好的柔韧性，硬度降低，而且随着增塑剂添加量的增大，硬度降低的程度也增大，制品越是柔软。改变聚氯乙烯塑料配方中增塑剂的用量，就得到了软硬程度不同的聚氯乙烯塑料管材以及其他的塑料产品。

增塑剂主要用于软质的聚氯乙烯塑料。除了聚氯乙烯，其他常见的塑料，在加工过程中一般并不会使用增塑剂，自然也就不存在与增塑剂相关的健康隐患，而且也有柠檬酸酯一类卫生性好的增塑剂品种，塑料制品生产时会按使用场合的要求来选择合适的助剂。并不是所有的塑料制品都含有增塑剂、都是不安全的。

具体到聚氯乙烯塑料管材，通常硬聚氯乙烯（U–PVC）管材配方中没有增塑剂，而软聚氯乙烯（S–PVC）管材中增塑剂的用量在 25% 以上。

（2）聚氯乙烯夹网管

花园里浇水的软质聚氯乙烯透明管，我们可以看见其中夹有一层纤维编织成的网，如图 4–4 所示。为什么要在塑料中夹入纤维网？这些纤维又是如何进入到塑料中间的？

图 4–4 中这种结构的管称为夹网管，也叫纤维增强管。纤维是一种高强度的材料，其强度是普通聚合物的几十倍到上百倍，添加到塑料和橡胶中，可以提高材料的力学强度，如拉伸强度、冲击强度和硬度等，其作用就好像混凝土中的钢筋。用

于塑料和橡胶中的这类助剂称为增强材料，常用的增强材料有玻璃纤维及其织物、碳纤维、硼纤维、晶须、石英纤维、不锈钢纤维、芳酰胺纤维、陶瓷纤维、合成纤维等。

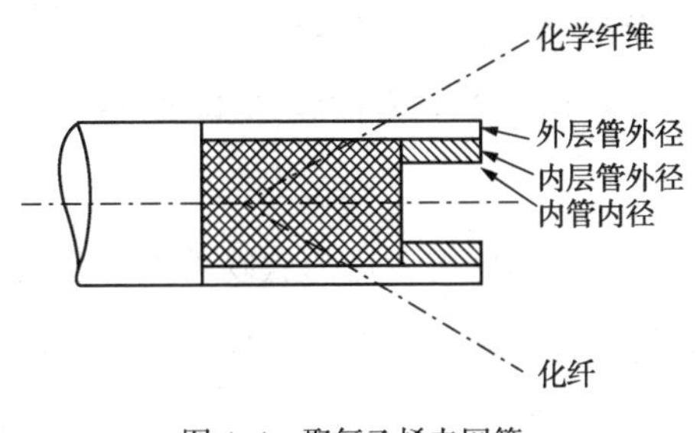

图 4–4　聚氯乙烯夹网管

在塑料软管中夹入纤维的目的是提高软管的力学强度。聚氯乙烯纤维增强软管具有耐压、耐酸碱、耐油、柔软轻便、透明度好、弯曲无死褶等优点，力学强度比无纤维的普通聚氯乙烯软管要高，可以承受较高的压力。

聚氯乙烯纤维增强透明软管的管壁为三层结构，内外两层为软质 PVC 透明塑料，中间层是用化学纤维按一定规律缠绕编织成的网络。内外管之间无黏合剂，而是利用塑料在热熔融状态下，通过压力黏合为一体。具体生产过程如图 4–5 所示，将配制好的混合料造粒，再将颗粒料加入第一挤出机成型内管，然后在内管表面缠绕编织维尼纶或涤纶纤维成网格状，通过加热器之后再进入第二挤出机，进行包覆外层。

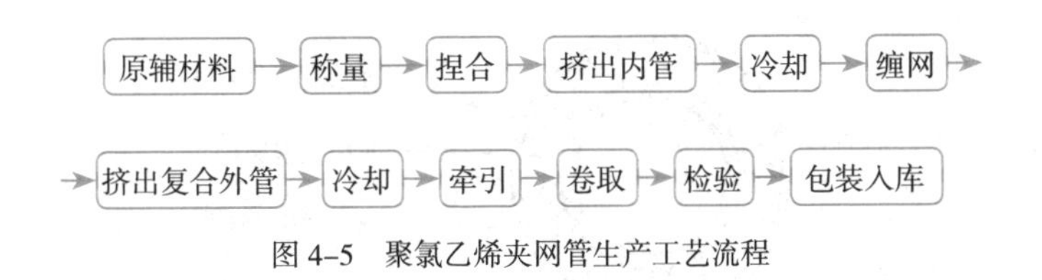

图 4–5　聚氯乙烯夹网管生产工艺流程

这种管材是透明的，我们能看到其中的纤维。塑料制品的透明度和树脂本身、所添加的助剂、产品表面光洁度、生产工艺相关。生产透明的塑料制品，首先要选择透明树脂，聚氯乙烯树脂是非晶聚合物、是均相的，本身就是透明的；然后不能添加遮盖力强的碳酸钙（填料）、钛白粉（着色剂）等助剂；同时制品的表面光洁度影响也很大，大家知道玻璃是透明的，如果玻璃表面有花纹或者表面粗糙不平整，就变成半透明的花玻璃或磨砂玻璃，所以透明塑料制品的表面应该是光滑的，以避免光线在表面的折射和散射。

（3）硬质聚氯乙烯排水管

硬质聚氯乙烯（U–PVC）排水管具有美观、重量轻、耐腐蚀、卫生安全、水流阻力小、施工安装方便、使用寿命长等特点，是目前国内大力发展和应用的塑料排水管道。

硬质聚氯乙烯排水管是不透明的，这与软硬无关，而是因为加入了其他助剂。塑料管在阳光下容易老化，硬质聚氯乙烯排水管通常要加入光屏蔽剂钛白粉，还会添加可以降低成本的碳酸钙填料、提高抗冲击性能的韧性聚合物，这些助剂的加入使得硬质聚氯乙烯排水管成为不透明的制品。

塑料排水管使用的一个突出问题是排水噪声大。目前认为，管道内的流体流动过程中所产生的噪声，是由于流体在管内流动时，对管壁的冲击和夹杂于流体中的空气不能及时顺畅排出而引起的。

为了降低排水时的噪声，改善使用效果，开发了螺旋消音管、芯层发泡排水管。芯层发泡管的结构示意图如图 4–6 所示，具有发泡芯层和不发泡的内外皮层结构，由不发泡料和可发泡料经分别塑化后，由共挤出机头和口模挤出管坯、发泡、定型而成。有两种不同性质的物料，至少需要两台挤出机来分别塑化和同时挤出芯层和内外皮层。发泡的芯层可以起到隔音作用。

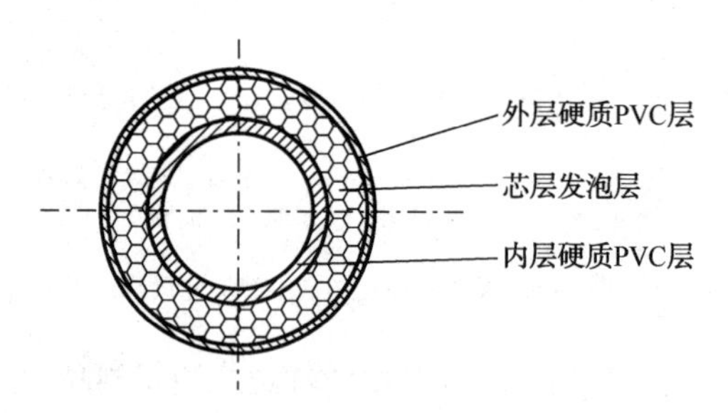

图 4–6　芯层发泡管结构示意图

螺旋消音管的消音作用原理不局限于隔音，而是尽量减少噪声的产生。管内壁有若干条突出的螺旋线（见图 4–7），可以使水流沿螺旋线向下流动，避免了流动的混乱状态，因此对管壁不形成冲击；又由于流体仅沿管壁旋流，在排水管中央形成空气柱，夹杂于流体中的空气可由此空气柱中排出，从而使通气能力提高，比普通型排水管排水速度快，排水噪声也随之降低。

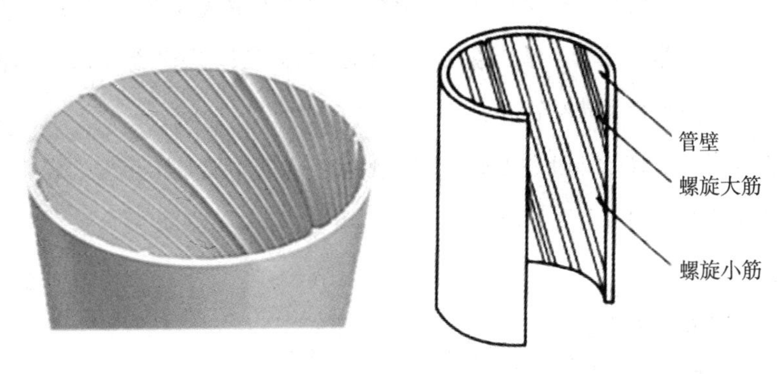

图 4-7　螺旋消音管结构

螺旋消音管加工成型的关键是其内壁上螺旋形筋的成型。螺旋形筋的成型方法是：在管材成型机头的芯棒上开设若干条断面形状为三角形的直槽，随着管坯的不断挤出，芯棒以一定的转速连续转动，这样从三角形的直槽中挤出的熔融物料经不断地旋转就在管材的内壁上形成了断面为三角形的连续不断的凸起的螺旋形筋。

如果在有螺旋筋的消音管的管壁上采用芯层发泡结构，又可获得隔音效果；这种既消音又隔音的双重作用，可最大限度地降低排水管的噪声。

4.1.2　冷热皆可用的聚烯烃塑料管

一般塑料材料在温度高时就变软，似乎不能用在温度高的地方。然而，我们在使用热水器时，会看到通水的塑料管上有 PE-X、PE-RT 或 PP-R 字样，这些字母表示的是制造塑料管的材料，PE-RT 是耐热聚乙烯，PE-X 为交联聚乙烯，PP-R 为无规共聚聚丙烯，它们都属于聚烯烃塑料。

作为专用术语，聚烯烃（PO）专指乙烯、丙烯、乙烯的烷基衍生物（α- 烯烃）和二烯类的聚合物，其中最主要的是聚乙烯、聚丙烯树脂。聚烯烃塑料是以聚烯烃树脂为基材的塑料。

聚乙烯（PE）是分子结构最简单的一种树脂。聚乙烯的品种多，包括乙烯与 α-烯烃的共聚物，而且加工方法和用途十分广泛，目前已成为世界上产量最大的一个

聚合物品种。聚丙烯（PP）是目前发展速度最快的塑料品种，聚丙烯的产量仅次于聚乙烯。

聚乙烯管在20世纪60年代起，已在燃气和给水领域得到广泛应用。聚乙烯管可分为承压管和非承压管，承压管主要指聚乙烯燃气管、聚乙烯给水管；非承压管主要指大口径排水管和灌溉管等。

普通的聚乙烯管耐热性并不好。用于热水输送的主要是耐热聚乙烯（PE–RT）、交联聚乙烯（PE–X）、无规共聚聚丙烯（PP–R）管，以及铝塑复合管，主要应用在辐射采暖和地板采暖中。

（1）交联聚乙烯管

交联聚乙烯管主要应用于公用与民用建筑的冷热水供应管道系统、建筑用空调冷热水系统、集中供暖系统中各类建筑物内供热用热水管道以及新型的家用独立供暖系统用热水管道、地面辐射采暖系统、家用热水器系统配管及各类接驳管，交联聚乙烯管具有无毒、无有害物质、不滋生细菌的特性，还可用于管道饮用水、食品工业中饮料、酒类、牛奶等流体的输送管线。

前面我们讲过，聚乙烯是非极性的聚合物，分子间作用力低，因而耐热性、机械强度、耐老化性等较差，从而限制了聚乙烯在许多领域的应用。

那为什么交联聚乙烯管又能用于输送热水？这是因为聚乙烯分子间发生了交联。交联指通过高能射线或化学物质在聚合物分子间形成化学键，使线型或支链型的高分子转化为网状的高分子结构，如图4–8所示。

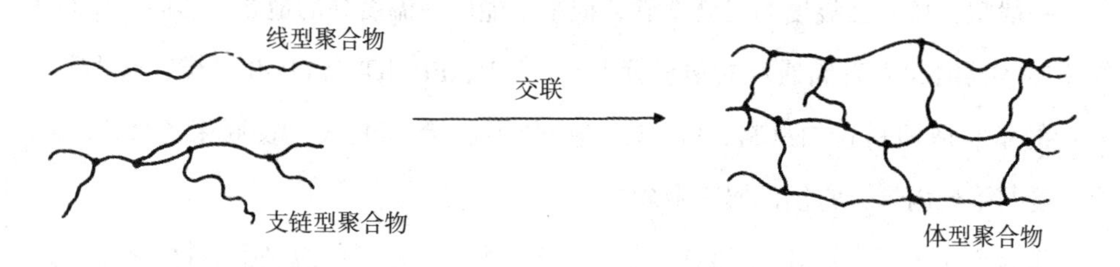

图4–8　聚合物的交联

聚乙烯有不同的品种，常见的高密度聚乙烯（HDPE）为线型聚合物，而低密度聚乙烯（LDPE）为支链型聚合物，分子量为4万~30万，就像一条条非常长的柔软的直线或者是带有分枝的线，是可以改变形状的，容易相互缠结。一方面，当温度升高到熔点以上时，聚乙烯熔融，在外力的作用下，线与线之间的位置也会发生变化，即发生流动，从而可以加工成各种形状；当温度下降到熔点以下时，材料固化，能够保持住制品的形状。另一方面，温度升高，分子的活动能力强，制品容易发生变形，因此限制了塑料制品的使用温度。

由图 4-8 可见，交联使分子间形成了化学键，相当于将这些线相互打结，织成了一个立体的网，在受到外力时，连在一起的线条和结点共同抵抗外力，因此交联的聚合物力学强度提高，同时这些结点限制了分子链的运动，温度升高时，不容易变形，提高了材料的耐热性。如果结点不太多，两个结点之间的短线还是可以活动的，打的结越多，其网状结构越密，抵抗外力的结点越多，更加不容易被拉开，因此拉伸强度增大，但是结点之间的线条活动也变得困难，受到冲击的时候不容易变形来分散冲击的能量，这时候材料就会变脆。因此应该控制好交联的程度，来得到我们想要的最佳性能。

经交联的聚乙烯管不仅提高了耐热性、耐磨性、耐压性以及机械强度，而且提高了耐环境应力开裂性、耐蠕变性、耐汽油性和芳烃性等，延长了使用寿命。但是由于分子之间形成了共价键，即使加热到比原来聚合物熔点要高的温度，交联的聚合物也不会再次熔融，就像打了死结而连在一起的线无法再分开一样，不能像未交联的聚乙烯那样可以反复多次地加热熔融、冷却固化，给生产中的废品以及使用后产品的回收利用带来了困难。

（2）耐热聚乙烯管

耐热聚乙烯（PE-RT）可以解决聚乙烯管既耐热又容易回收利用的问题。PE-RT（Polyethylene of Raised Temperature Resistance）树脂是乙烯和辛烯、己烯等 α- 烯烃共聚的特殊共聚体，通过分子设计进行支链分布控制而得到独特的分子结构和结晶构型，使其具有优异的抗压力开裂性、优良的静压强度和高温下抗蠕变性能。

物质的性能是由其结构决定的，简单而言，“分子设计”即根据材料所需要的性能来设计分子的结构，分子设计对新材料、新技术、新品种的开发意义深远。聚合物的分子设计，指的是根据需要合成一定性能的高分子，这就要从分子组成、结构方法考虑并设计出具有预定性能的聚合物，通过合理的化学合成方法制得预期的高分子化合物，用最佳的方法制备高分子材料。高分子合成、结构、性能和应用的关系，如图 4–9 所示。

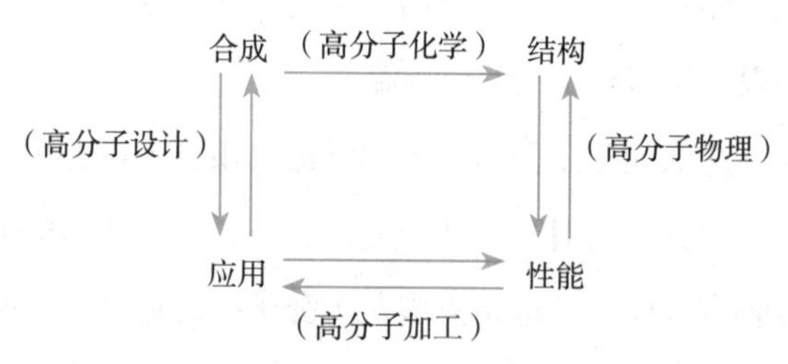

图 4–9　高分子合成、结构、性能和应用的关系

由单体合成分子量达数千、数十万，以至上百万的大分子，不同的单体、不同的合成条件可制得不同类型、不同大小、不同结构、不同性能的大分子。合理、准确、科学的高分子设计能缩短开发新材料的时间，有利于降低材料开发的费用。高分子科学家们应用分子设计，开发了众多像耐热聚乙烯一样的塑料专用料。

（3）铝塑复合管

铝塑复合管是聚乙烯塑料与铝材复合得到的管材，内外层是聚乙烯塑料，中间层是铝材。为了让铝和塑料结合牢固，需要使用黏结剂，所以铝塑复合管具有五层结构：塑料 / 黏结剂 / 铝材 / 黏结剂 / 塑料。

为什么在塑料中要加入一层铝材？这是为了集塑料（PE）管与金属管的优点于一身。铝塑复合管与普通的聚乙烯管相比，中间的铝材层起了加强作用，使管的耐压强度提高，管子在相当大的范围内可以任意弯曲（管子弯曲的最小半径为管外径的 5 倍），不回弹；耐温性提高；还可以 100% 阻隔氧气的渗透；用作通信线路的屏蔽，可以防止各种音频、磁场的干扰；用金属探测器可以探测出管的埋藏位置，便于维修更换；塑料的热膨胀系数比较大，在使用过程中会随温度的变化改变尺寸，而金属的热膨胀系数比较小，两者复合后可以降低管道的综合热膨胀系数，铝塑复合管的热膨胀系数仅为 PE–X 管的 1/6，使得铝塑复合管的尺寸更稳定。

铝塑复合管主要有两种生产工艺，称为搭接法和对接法，搭接焊式铝塑管和对接焊式铝塑管的结构如图 4–10 所示。搭接法生产工艺，是先做搭焊式纵向铝管，然后在成型的铝管上做内外层的塑料管；对接法生产工艺，是先做内层的塑料管，然后再在上面做对焊的铝管，最后在外面包上塑料层。这两种方法都是将内外层的塑料层通过黏结层与铝层连接在一起，管材结构均为五层。

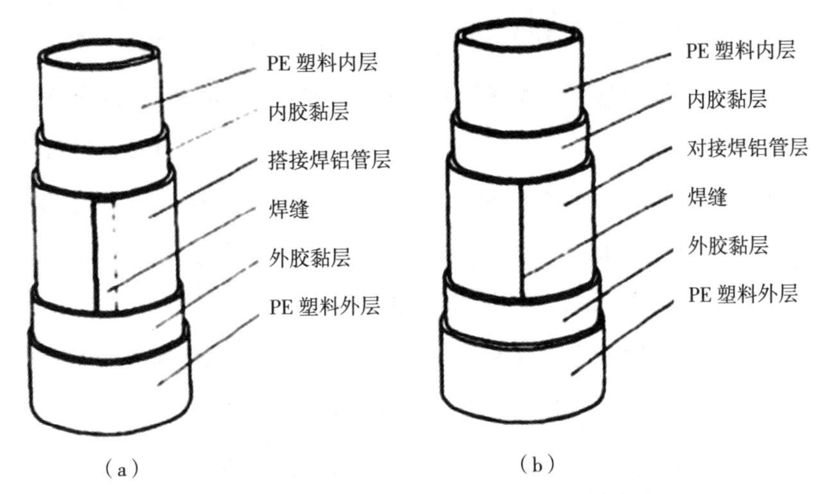

图 4-10 搭接焊式铝塑管（a）和对接焊式铝塑管（b）

根据所采用的聚乙烯材料不同，铝塑复合管常见的有两种类型：①采用普通高密度或中密度 PE 的铝塑复合管只能用于低温水输送，耐热温度 65~75℃；②采用 PE-X 的铝塑复合管其各项机械理化性能都有很大提高，管材的耐热温度可提高到 90~110℃，爆破强度高，可输送温度为 95℃的介质，短时间可达 110℃。

塑料外管根据用途不同，可添加着色剂做成不同颜色，例如：冷水管——白色、蓝色；热水管——红色；燃气管——黄色。

聚乙烯管材是不透明的，这是因为聚乙烯为结晶高分子。看到“结晶”，我们可能会想到“水晶，晶莹剔透”这样的词，然而与小分子结晶不同，高分子的结晶不能达到 100%。高密度聚乙烯的结晶度可以达到 80%~95%，低密度聚乙烯分子带有支链，降低了分子的规整性和对称性，从而使得其结晶度降为 60%~70%。结晶的高聚物不是一个均相的材料，有结晶部分、非结晶的部分，结晶部分排列规则、密度高。结晶以无数个微小的单元分散在材料中，使得材料中存在大量两种不同介质的界面，光照射到界面上时，就会产生散射，大量的入射光向着四面八方传播，我们的眼睛就看不材料后面的情况，这样的材料自然是不透明的。

（4）无规共聚聚丙烯（PP-R）管材

无规共聚聚丙烯（PP-R）管材可以用于以下场合：①建筑物内的冷热水管道系

统；②建筑物内中低温热水采暖管道系统；③空调管道系统；④农业和园林灌溉管道系统；⑤输送或排放对管道无侵蚀的化学流体等工业管道。

从“无规共聚聚丙烯”这个词我们可以知道：“聚丙烯”材料，“共聚”也就是分子链中至少有两种单体，“无规共聚”也就是参与共聚的单体在分子链中的分布没有一定规律，是无规的。单体合成聚合物的过程就好像把一粒粒珠子串成长长的珠链，均聚类似都用同一种珠子串珠链，而共聚就要用不同的珠子，可以想得到，不同的珠子串珠链更加麻烦一些。那么为什么还要合成共聚物呢？这是因为通过改变聚合物的分子链结构可以改善聚合物性能。

聚丙烯（PP）机械性能、表面强度、抗摩擦性、抗化学腐蚀性、防潮性均很好，密度很小，是常见树脂中密度最小的，还可以耐沸水，但聚丙烯具有一定的脆性。为了降低脆性，由丙烯单体和少量的乙烯单体在加热、加压和催化剂作用下共聚得到无规共聚聚丙烯 PP-R，乙烯单体无规、随机地分布到丙烯的长链中。乙烯的无规加入降低了聚合物的结晶度和熔点，改善了材料的冲击、长期耐静水压、长期耐热氧老化及管材加工成型等方面的性能。

PP-R 管原料分子中仅有碳、氧元素，加工过程中无须添加任何有毒的重金属盐类稳定剂，卫生无毒；密度低，重量仅为钢的 1/9。耐热、保温，耐腐蚀，可耐多种化学介质的侵蚀、不会生锈，内壁光滑，不会结垢，摩擦系数小、水流阻力小。因此我们在输送冷热水的场合常常发现 PP-R 管的存在。

4.1.3 塑料电线与线槽

如果没有电，我们今天的生活将是一团混乱。电力的传输需要用到电线电缆，1860 年有了用硫化橡胶做成的电线，现在用于电线的主要是塑料材料。

塑料电线电缆的基本结构是在铜、铝等电线芯外面挤包上塑料作为绝缘层，有些电线外面还有护套。电线电缆通电后总是要发热的，绝缘层除了起到绝缘作用外，还要把导线芯发出的热散失掉，以免烧坏绝缘层和导体。有些电缆还需要用塑料作保护层（护套），保护电缆绝缘免受外界的机械损伤和防止潮气浸入，防止酸、碱等媒介质对电缆的侵蚀作用。

塑料可以作为绝缘材料，也可作为护套材料。这是因为橡胶和塑料同属高分子材料，高分子化合物的化学键是共价键，不能发生电离，没有传递电子的本领，塑料和橡胶一样都有很好的绝缘性。此外，塑料材料还具有一定的机械强度、耐热性、耐老化性，加工也比较容易。

用于生产电线电缆的绝缘层或保护层的塑料称为电缆料。常用的电缆料有：聚氯乙烯、聚乙烯、聚丙烯以及氟塑料、聚酰胺塑料，其中主要是聚氯乙烯和聚乙烯塑料。

电线在使用过程中会发热。随着社会的发展，城市建筑密集，电线电缆广泛地应用于其中，敷设也越来越密集，因电线电缆外护套的损坏或老化引发的火灾的危险也相应地增多。为了降低火灾的发生率以及发生火灾后的死亡率，低烟、无卤、阻燃、环保已成为电线电缆行业的热点发展方向。

为了保障电线不因挤压变形而影响其连通性和电气性能，同时为了阻燃防火等目的，无论在墙壁内和地板垫层内布线，还是在墙壁上敷设，都必须将线缆置于线槽和电线套管内，图 4–11 为聚氯乙烯塑料线槽。因此，在布线系统中会大量使用线槽和管道。塑料线槽为聚氯乙烯塑料的，而塑料电线套管有两大类，即聚乙烯管和聚氯乙烯管。和电缆料一样，塑料电线槽和电线套管都要求是阻燃的，以达到建筑消防安全要求。

图 4–11　聚氯乙烯塑料线槽

然而，塑料给人的一个印象是容易燃烧。塑料电线、线槽和电线套管是如何能够达到用于建筑物的安全要求呢？这就需要一种重要的塑料助剂——阻燃剂。

物质燃烧要有三个条件，即燃烧三要素：可燃物、热量、氧气，可燃物获得热量达到一定的温度，并有足够的氧气，燃烧就可以进行。

塑料的燃烧过程可以这样描述：一方面，在空气中，由于外部热源或火源使树脂被加热，而最终导致了它的分解，产生了挥发性产物、可燃性产物和热能产物；在外部热源或火源的进一步作用下，到达某一温度后树脂就会燃烧起来；树脂燃烧所放出的一部分热量通过传导、辐射和对流等途径，又被正在降解的树脂所吸收，于是挥发出更多的可燃性产物。另一方面，在燃烧过程中，火焰周围的空气会发生急剧的扰动，增加了可燃性挥发物与空气的混合速度。因此，在着火的实际情况下，在一段非常短的时间内就会使火焰迅速传播而引起一场大火。

可燃物、热量、氧气这三个条件缺了任意一个，燃烧就不能发生，也就没有火灾了。平时各种避免或者扑灭火灾的措施，都是在设法移除燃烧三要素中的至少一个要素。例如，油锅着火时，用锅盖盖住，隔绝氧气而灭火；木头着火时，大量地浇水，产生的水蒸气将可燃物与氧气隔绝开，同时降低了正在燃烧的物体的温度，这样就可以减弱火势直至火熄灭；二氧化碳能灭火是由于它稀释了可燃性气体的浓度。

塑料材料中阻燃剂的作用原理同样是移除燃烧三要素中的一个或者若干个。阻燃剂有很多品种，如磷酸酯、含卤磷酸酯、有机卤化物等有机阻燃剂，如三氧化二锑、水合氧化铝基以及其他金属化合物等无机阻燃剂。

不同阻燃剂的阻燃作用原理也不同。例如，不能燃烧并含有结晶水的氢氧化铝和氢氧化镁等无机物添加到塑料中，降低了塑料的可燃性，一旦受热，这些无机物会分解释放出水产生水蒸气，降低了环境温度并隔绝空气；含磷的阻燃剂或它的分解产物有脱水作用而使树脂炭化，所产生的炭不会进行产生火焰的蒸发燃烧和分解燃烧，因而减小了火焰，减少了可燃性气体的生成，能够使材料迅速碳化而不停留在产生可燃性物质的阶段，从而具有阻燃作用。含有卤素的阻燃剂在高温下分解，能够形成不能燃烧的卤化氢气体，这种气体的存在稀释了聚合物分解产生的可燃性气体，阻碍高分子材料分解释放出的可燃气体与氧气的反应。这样一来，可燃气体的燃烧受到抑制，释放出来的热量自然就会减少，而正在燃烧的高分子材料得不到足够的热量，也就很难继续释放更多的可燃气体，因此整个燃烧过程大大延缓。

含有卤素的阻燃剂效果好，尤其是含溴的阻燃剂，在添加比例比较低的情况下

就能发挥阻燃作用。但是，这一类阻燃剂在近些年来却受到越来越多的质疑和批评，这是因为含溴阻燃剂在长期的使用过程中能够从塑料等制品中游离出来进入环境和生物体内。这引发了公众极大的担忧，因此，一些含溴阻燃剂的使用也已经开始受到限制。RoHS 是由欧盟立法制定的一项强制性标准，它的全称是《关于限制在电子电器设备中使用某些有害成分的指令》(Restriction of Hazardous Substances)。该标准已于 2006 年 7 月 1 日开始正式实施，主要用于规范电子电气产品的材料及工艺标准，使之更加有利于人体健康及环境保护，其中有阻燃剂限制使用的内容。

在这样的背景下，无卤低烟阻燃材料应运而生，聚烯烃电缆料标准 GB/T 32129—2015《电线电缆用无卤低烟阻燃电缆料》，JB/T 10436—2004《电线电缆用可交联阻燃聚烯烃料》中明确规定了阻燃性能、无卤环保指标项目，同时也要满足 RoHS 环保指标要求。由于应用范围不断扩大，还会按使用情况差异提出很多特殊要求，并随着产品升级、标准要求提高又会提出更高技术要求。在电线电缆行业中，无卤、低烟、阻燃材料新品的需求和应用一直在发展。

4.2 高分子材料助力建筑节能环保

据统计，人类从自然界获得的 50% 以上的物质原料用来建造各类建筑及其附属设施，生产建筑材料要消耗能源，在建造与使用过程中又消耗了大量的能源。

一方面，随着经济生活水平的提高和科学技术的飞速发展，人们对居住质量越来越重视，例如，希望室内的温度常年处于人体舒适的范围内，这就要大量应用采暖、空调和通风设施，也增大了能量的损耗，例如冬天取暖时，热量通过墙壁、门窗的泄漏。在建筑中合理地使用塑料门窗和高分子墙体保温材料，能够减少能量的损耗。

另一方面，高分子材料在建筑中的使用，可以节约大量的木材资源，相应地减少了森林砍伐，有利于保护生态环境；高分子材料产品生产过程通常只需加热到 100~300℃，远远低于钢材、水泥和玻璃的制备温度，生产过程中的能耗低。所以说，高分子材料有助于建筑节能环保。

4.2.1 塑料门窗与节能环保

当看到一幢住宅楼时，我们很容易就注意到上面的窗户，窗户就好像是建筑物的“眼睛”，是一般建筑物必不可少的部件。门窗涉及采光和通风的优劣，阻止雨水、风沙、噪声进入室内，隔热保温，营造室内舒适的室内环境，与气候因素、建筑形式以及节能环保有着密切的关系。此外，门窗还起着重要的装饰作用。

建筑用门窗的种类很多，整体上它包括工业用门窗和民用门窗两大类。常用的又可按材质分为木门窗、钢门窗、铝合金门窗、塑料门窗四大类。

常见的塑料门窗是聚氯乙烯塑料门窗，又因为在其内腔需要装钢内衬而被人们称为塑钢门窗，其结构如图 4–12 所示。

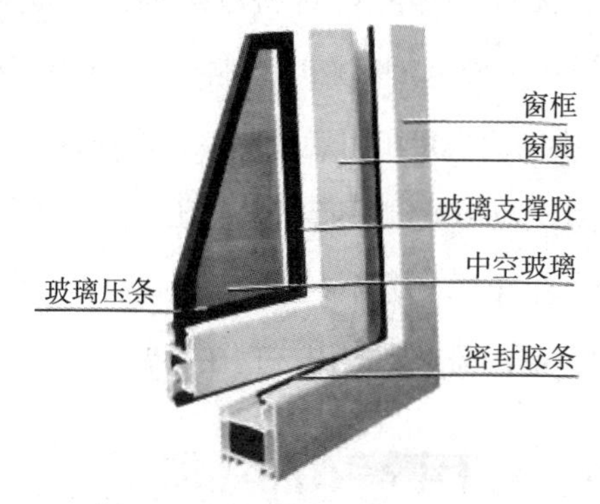

图 4–12　常用塑料窗的主要结构

塑料门窗的生产过程包括了塑料异型材的挤出和门窗组装两个部分。以聚氯乙烯、改性聚氯乙烯或其他树脂为主要原料，轻质碳酸钙为填料，添加适量助剂和改性剂，经双螺杆挤出机挤出成型形成各种截面的空腹门窗异型材（见图 4–13），再根据不同的品种规格选用不同截面异型材组装而成门窗。

图 4–13　聚氯乙烯塑料异型材

与钢、木、铝合金相比较，塑料门窗节能环保。塑料门窗的主要原料是聚氯乙烯，是对氯碱工业副产物的回收再利用，这有利于大气污染治理和环境保护，减少木材的使用，保护森林自然环境；就生产型材的能耗而言，塑料门窗的能耗最低，生产1t钢材的能耗为生产1t硬聚氯乙烯型材的4.5倍，而生产1t铝材的能耗为生产硬聚氯乙烯型材的8倍。

建筑外窗是建筑保温隔热的薄弱环节，居住建筑采暖和空调的能源消耗有一半是经过外窗损失的。硬聚氯乙烯窗材的导热系数为铝窗材的1/1250、钢窗材的1/357。加之聚氯乙烯塑料窗可制成多空腔结构，其中的密闭空腔中空气的导热系数仅为0.04。在实际使用中，塑料门窗热损失最小，节能效果十分显著。

另外，塑料可不用油漆，节省施工时间及费用。

玻璃作为外窗的主要组成部分，也是降低建筑能耗的关键。

采用窗用节能薄膜可以降低通过玻璃传导损失的能耗。节能薄膜又称遮光膜、滤芯薄膜或热反射薄膜等，是以塑料薄膜（一般为聚酯、聚丙烯、聚乙烯等）为基材，喷镀金属（厚度一般为30mm左右）后，再和另外一张透明的薄膜压制而成的。

窗用节能薄膜按其使用特点可分为三种类型：反射型、节能型和混合型，反射型薄膜可反射大部分太阳光，阻止热能进入室内，保持室内凉爽，节约制冷费用；节能型薄膜也叫冬季薄膜，它把热能折射回屋内以阻止其从室内传出室外，从而保温节能；混合型薄膜是具有上述双重效果的薄膜，是常年可使用的节能材料。节能薄膜贴在玻璃窗上，能有效地改变窗玻璃的采光值和其他物理性能，可大大节省制冷制热费用。此外，在玻璃受外力冲击时，窗用节能薄膜紧紧粘贴于玻璃表面上，有助于将碎玻璃吸在一起减少因破碎导致的危险，在遭遇恶劣气候、地震、爆炸、火灾或破坏行动时，可大大减轻因玻璃飞溅而造成的伤害。

塑料门窗所用的异型材按照门窗的结构和使用性能要求来设计断面，线条清晰，表面光洁细腻，不会有木材的结疤和缺陷，也不需要再刷油漆，减少门窗的加工工序。

在硬聚氯乙烯塑料原料中加入着色剂，可以混合挤出不同颜色的异型材，采取硬聚氯乙烯塑料与着色聚甲基丙烯酸甲酯或丙烯腈–苯乙烯–丙烯酸酯共聚物的共挤出，以及在白色型材上覆膜或者喷涂等技术手段，可以获得多种质感和不同表面色彩的装饰效果。挤出异型材本身平直度要求很高，保障了组装门窗的质量；而门窗有圆形或弧形结构时（见图4–14），型材可加热到可以变形的温度，然后弯曲成需要的形状，组装的门窗造型美观、多变。

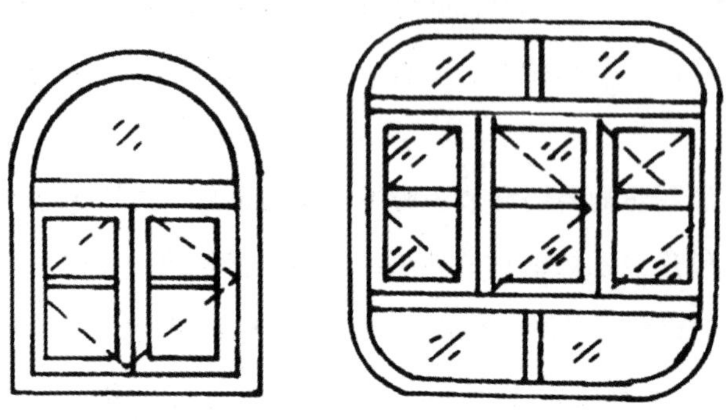
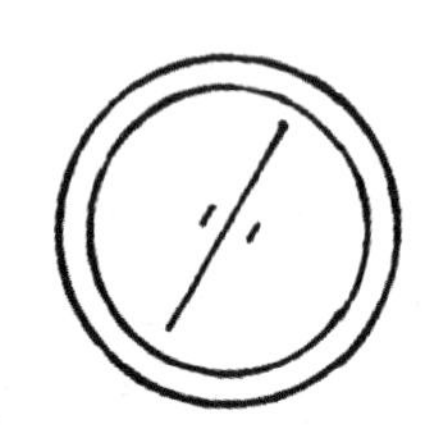

图 4–14　圆弧形塑料窗

塑料异型材的断面设计充分考虑了门窗的结构、强度等使用要求，而且受力较大的型材已经设计了填加钢衬的空腔，例如图 4–13 的塑料异型材。钢衬的厚度为 1.2~3mm，根据当地的风压值、建筑物的高度、洞口大小、窗型设计来选择钢衬的厚度及型材系列，以保证建筑对门窗的要求。一般高层建筑可选择大断面推拉窗或内平开窗，抗风压强度可达一级或特一级，低层建筑可选用外平开窗或小断面推拉窗，抗风压强度一般在三级。塑料本身具有耐腐蚀和耐潮湿等性能，尤其适合卫生间及浴室内使用。

通常塑料给人的印象是不耐用，特别是在户外的塑料制品，时间长了，可能就会出现褪色、表面粉化、开裂等现象，材料的力学性能、电性能也会发生变化，这就是高分子材料的“老化”。

那么聚氯乙烯塑料门窗是如何防止老化而达到“美观耐用”的目标的?

导致塑料老化的因素很多，但总不外乎两个方面，即内因和外因。内因是指塑料本身的结构，高分子化合物是有机化合物的一种，分子中存在较弱的共价键，当外界能量大于这些弱键的键能时，价键就会发生断裂，从而带来材料性能的变化。针对上述的内因，要防止或延缓塑料的老化，可用在合成聚合物的时候控制条件减少分子中的弱键，或者在光照的部分选用更稳定的材料，例如，聚氯乙烯塑料窗用的型材，采用硬聚氯乙烯塑料与着色聚甲基丙烯酸甲酯共挤出，光照到的外侧采用耐光老化性更好的聚甲基丙烯酸甲酯。

外因则是指各种外界因素，有光、热、应力、电场、射线等物理因素，化学因素主要包括氧、臭氧、水、重金属离子、各种化学介质等，还有在使用过程中微生物与小动物等生物因素也可能对塑料造成破坏。在这些外界因素中，氧、热、光三个因素最为重要，塑料的老化过程主要是指塑料的热氧化、光氧化及光老化过程。因此，在户外使用的塑料制品，更容易老化。像人们用防晒霜来降低日晒对皮肤的损害一样，在塑料制品的生产过程中，加入抗氧化剂、热稳定剂、光稳定剂等一系列统称为稳定剂的添加剂，让塑料制品的性能在加工和使用过程中能够保持稳定，从而延长它们的使用寿命。

通过配方的设计和防老化研究，聚氯乙烯门窗使用的环境温度可以在 -50~55℃。高温变形、低温脆裂的问题已经解决，烈日曝晒、潮湿都不会使其出现变质、老化、脆化等现象。国内最早的塑料门窗已使用 30 余年，正常环境条件下塑料门窗使用寿命可达 50 年以上。

4.2.2 塑料墙体保温材料

与外窗一样，建筑外墙所散失的热量占有的份额也很大，建筑墙体的节能及保温材料的使用也非常重要。常用的墙体保温材料有膨胀珍珠岩、矿物棉、玻璃棉、泡沫塑料、耐火纤维、硅酸钙绝热制品等，相比于珍珠岩、矿物棉、玻璃棉等无机保温材料，泡沫塑料这类有机保温材料的保温效果更加优良。

前面我们了解到硬聚氯乙烯窗材的导热系数很低。从实际生活体验中，也可以得到相同的结果。如果我们把相同温度的热水同时倒入玻璃杯、塑料杯，可以感觉到玻璃杯的外壁更热，而且杯中的水冷得更快，换句话说，就是塑料的保温性能比玻璃好。上面还提到，密闭空腔中空气的导热系数更低，如果塑料当中再发泡并形成无数微小的空腔，也就是制成泡沫塑料，就可进一步改善塑料的保温性能。我们可以利用塑料材料的这一性能，制备建筑保温泡沫塑料材料。与电线电缆一样，用于建筑保温的高分子材料要符合消防安全要求。

按照塑料材料受热后的表现，可将塑料分为热塑性塑料和热固性塑料两类。其中，热塑性塑料是在整个特征温度范围内，能够反复地加热熔化和冷却固化的塑料，树脂为线型或支链型的高分子；而热固性塑料则是经加热或其他方法固化以后能变成基本不能熔化也不能溶解的塑料，其中的树脂在成型过程中由线型或支链型的高分子转变成了体型的高分子。

常见的热塑性保温材料有模塑聚苯乙烯泡沫塑料板（EPS）和挤塑聚苯乙烯泡沫塑料板（XPS）。热固性保温材料包括改性酚醛塑料泡沫板（PF）和硬质聚氨酯泡沫塑料板（PU）。如果建筑物发生火灾，热塑性保温材料会发生熔融、滴落，与热塑性保温材料相比，热固性保温材料最大的优势在于保温层燃烧时材料表面能迅速形成碳化层，有效隔绝了空气与保温材料的接触，从而有效阻止了火势的进一步蔓延，在燃烧过程中不会出现熔融滴落现象，产生的有毒烟气也相对较少，同时远离过火区域的保温材料形态基本保持原状，不会出现明显的理化性能改变。因此，热固性保温材料更适应建筑节能对保温材料的要求，但热固性塑料制品难以回收利用。

（1）聚苯乙烯泡沫塑料板

聚苯乙烯泡沫塑料板分为模塑聚苯乙烯板和挤塑聚苯乙烯泡沫板。

模塑聚苯乙烯泡沫塑料板由可发性聚苯乙烯（EPS）珠粒加热预发泡后，在模具中加热成型，主要成分为98%的空气和2%的聚苯乙烯。模塑聚苯乙烯泡沫塑料板由完全封闭的多面体形状的蜂窝构成，蜂窝的直径为0.2~0.5mm，截留在蜂窝内的空气是一种不良导体，对泡沫塑料优良的绝热性能起决定性的作用。

模塑聚苯乙烯泡沫塑料是闭孔型的泡沫塑料。闭孔型指的是泡沫塑料中的绝大部分微气孔是封闭的、彼此之间互不连通，这类泡沫塑料不能透水、透气性差，保温性能好；相对应的有开孔型泡沫塑料，其中的绝大部分微气孔是互相连通的，这类泡沫塑料透水、透气性好，而保温性能差。

模塑聚苯乙烯泡沫塑料中的空气能长期留在蜂窝内不发生变化，因此保温性能能够长期稳定不变。热导率较低，具有优异的保温隔热性能、防水性能，抗风压、抗冲击性能也很优异。

挤塑聚苯乙烯保温板是以聚苯乙烯树脂为原料添加助剂，通过加热混合、挤出成型而制造的硬质泡沫塑料板，学名为绝热用挤塑聚苯乙烯泡沫塑料（简称XPS），XPS具有完美的闭孔蜂窝结构，这种结构让XPS板有极低的吸水性（几乎不吸水）、低热导系数、高抗压性、抗老化性，正常使用几乎无老化分解现象。

挤塑聚苯乙烯泡沫板与模塑聚苯乙烯板相比，其强度、保温、抗水汽渗透等性能有较大提高。使用挤塑聚苯乙烯泡沫板的保温墙体结构示意图如图 4–15 所示。

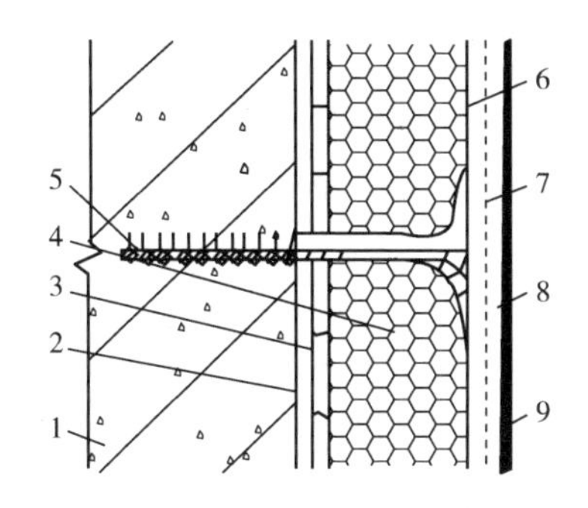

图 4–15　保温墙体结构示意图

1– 墙体；2– 水泥砂浆找平层；3– 黏结砂浆；4– 挤塑聚苯乙烯泡沫板；
5– 固定件；6– 砂浆底层；7– 耐碱玻纤网格布；8– 砂浆面层；9– 涂料或面砖

（2）酚醛塑料发泡保温材料

酚醛塑料（PF）发泡保温板是以酚醛树脂和阻燃剂、抑烟剂、固化剂、发泡剂及其他助剂等多种物质，经科学配方制成的闭孔型硬质泡沫塑料，最突出的优势是防火和保温。改性后的酚醛树脂材料，具有质轻、无毒、无滴落等优点。酚醛塑料发泡材料由于闭孔率高而使得其热导率低，具有非常优异的保温隔热性能，抗水性也非常突出。这一系列的优点使得酚醛塑料发泡保温材料成为国际上公认的最有前途的新型墙体保温材料之一。

酚醛树脂是人类第一个，将小分子合成的高分子化合物，是热固性的树脂。顾名思义，酚醛树脂是由酚和醛缩合而制得的。在 1872 年就有报道，用苯酚和甲醛可制得树脂状的物质，1909 年，由酚醛树脂加入固化剂、填料（如木粉）和其他助剂制成的酚醛塑料被用作电气绝缘材料，俗称“电木”，为了证明酚醛塑料的牢固性，派克钢笔公司曾把用酚醛塑料制作的各种自来水笔，向公众做了从高层建筑物上抛下而不会摔坏的表演。

（3）聚氨酯硬质泡沫塑料

聚氨酯是聚氨基甲酸酯的简称。泡沫塑料是聚氨酯合成材料的主要品种之一，最大特点是制品的适应性强，可通过改变原料组成、配方等制得不同特性的泡沫塑料制品，有软质泡沫塑料、硬质泡沫塑料、半硬质泡沫塑料、特种泡沫塑料，等等。

聚氨酯硬质泡沫塑料有着极好的保温性能，热导率远低于传统的保温材料。保温隔热性能好，环境污染少，节能效果好。具有高抗压低吸水率、防潮、不透气、质轻、耐腐蚀、不降解等特点，在浸水条件下其保温性能和抗压强度仍然毫无损失。特别适用于建筑物的隔热保温与防潮保护作用。

聚氨酯硬质泡沫板（见图 4–16）通过外加阻燃剂来提高阻燃性，燃烧时在表面生成保护层隔绝空气，吸收燃烧时放出的热量，使温度下降达到阻燃目的，用于建筑保温时，聚氨酯硬质泡沫板外抹无机不燃的聚合物水泥砂浆保护层，墙体为混凝土，聚氨酯硬质泡沫与墙体及外保护层之间完全没有空隙，所以防火安全性能是安全可靠的。

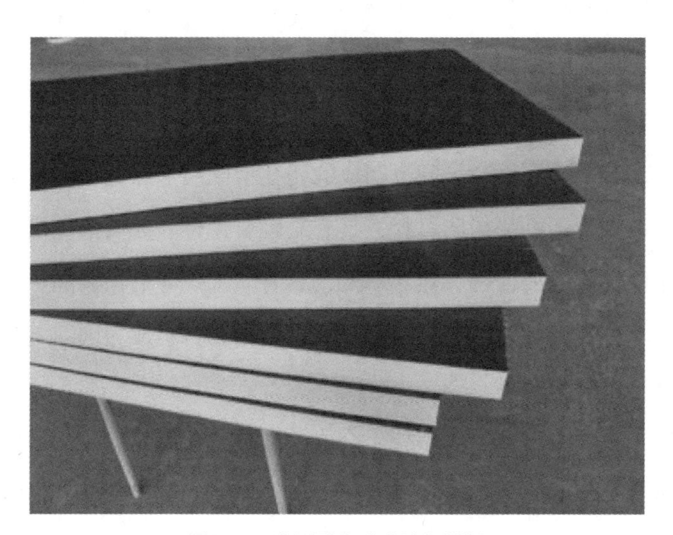

图 4–16　硬质聚氨酯泡沫塑料板

聚氨酯的发泡过程很快，可以直接喷涂于需要保温的墙面或其他地方，而且具有很强的黏结力，能与水泥、钢材、黏土、沥青、木材、玻璃、塑料等各种材料进行直接黏结。现场喷涂发泡工艺的应用，更扩大了聚氨酯硬质泡沫塑料在建筑、冷库、冷藏车辆及船舶等中作为保温隔热层的应用。

4.3　高分子材料让家居更美

建筑除了具有遮风避雨的功能之外，也是城市风景的一部分，室内是人们生活

的主要场所，随着社会的进步和发展，室内环境的要求也在不断更新发展与不断丰富多彩，舒适、整洁、温情的居家环境，能给人们带来良好的生活感受。高分子材料构成的涂料、墙纸、人造石材等材料，在建筑装修上得到了广泛的应用。

4.3.1 建筑装饰涂料

涂料是最简单的一种饰面材料。涂料涂刷于建筑外墙、地面、木器、金属等基体的表面，能与基体材料很好黏结并形成固态涂膜，能够对基体材料起到保护、标识、装饰的作用，有些涂料还可以有绝缘、防腐、防火等特殊作用。

建筑涂料是涂料中的一大类。它除了具有保护建筑物的作用外，还具有装饰室内外墙面的作用，使建筑物显得美观。有的还兼有改进居住功能，如隔音、吸音、吸声、可擦洗、防火、防霉、防静电等。建筑涂料在美化环境、提高安全意识、改善人们的心状态等方面都占有重要地位。

涂料要在基材表面成膜并紧紧黏附于基材表面，其主要组分是成膜物质，包括油脂、天然树脂、合成树脂和合成乳液等，天然树脂、合成树脂和合成乳液都属高分子材料。第二种成分是消泡剂、流平剂和催干剂等助剂。这些助剂一般不能成膜并且添加量少，但对基料形成涂膜的过程与耐久性起着相当重要的作用。第三种成分是钛白粉和铬黄等着色颜料，让涂料具有丰富的色系。第四种成分是溶剂或水，溶剂包括烃类溶剂，如矿物油精、煤油、汽油、苯、甲苯、二甲苯等，还有醇类、醚类、酮类和酯类物质。溶剂和水的主要作用在于使成膜基料分散而形成黏稠液体。

使用过程中，涂料由可流动的状态变成了固态薄膜，固化原理分为两类：一类称为物理成膜，实际上就是依靠涂料中溶剂的挥发而得到了硬涂膜的干燥过程，为了得到平整光滑的漆膜，必须选择好溶剂，如果溶剂挥发太快，浓度很快升高，表面的涂料会因黏度过高失去流动性，结果漆膜不平整。另一类是化学成膜，是将可溶的高分子化合物涂覆在基材表面以后，在加温条件下，分子间发生反应而形成坚韧的薄膜的过程。

受到环境各种各样因素的影响，墙面往往容易被污染。人们希望外墙立面不易附着污染，或者附着的污染物能借助于雨水、风力等外界自然条件被去除，即墙面可以“自清洁”。

荷叶是自然界自清洁的典型例子。荷叶的基本化学成分是叶绿素、纤维素、淀粉等多糖类的碳水化合物，有丰富的羟基、氨基等极性基团，在自然环境中应该很容易吸附水分或污渍。但荷叶叶面却呈现具有极强的拒水性，水滴在叶面上会自动聚集成水珠，水珠的滚动又可把落在叶面上的尘土污泥粘吸滚出叶面，使叶面始终保持干净，这就是著名的“荷叶自洁效应”，即“荷叶效应”。

荷叶具有“荷叶效应”的原因，主要是由于荷叶其表面存在直径约 0.1~0.3 μm 的蜡晶，如同叶面上布满着一个挨一个隆起的“山包”，在“山包”间的凹陷部分充满着空气，紧贴叶面上形成一层极薄、只有纳米级厚度的空气层。这就使得在尺寸上远大于这种结构的灰尘、雨水等降落在叶面上后，隔着一层极薄的空气，只能同叶面上“山包”的凸顶形成几个点接触，由于空气层、“山包”状突起和蜡质层的共同托持作用，使得表面具有较大的接触角及较小的滚动角，产生超疏水性。水滴落其表面时，会在自身的表面张力作用下形成球状，产生自由滚动，在滚动中吸附灰尘，并滚出叶面。同时在荷叶的下一层表面同样可以发现纳米结构，它也可以有效地阻止荷叶的下层被润湿。这就是“荷叶效应”能自洁叶面的奥妙所在。

将“荷叶效应”应用到外墙涂料系统，采用具有持久憎水性的乳化剂有机硅乳液等一些专门物质，从而使其涂膜具有荷叶的表面结构，当雨点滚过沾灰的表面时，亲水的灰尘就被吸入水滴中，并且不再从水中出来，灰尘憎水部分积聚在水滴表面同样被水带走，达到拒水保洁功能。

4.3.2 塑料墙纸

室内墙面面积占被装饰面积的 60%~80%，是反映装饰效果的重要空间部位，在一定程度上，决定了被装饰房间的艺术性和文化基调。塑料墙纸在宾馆、住宅、办公楼、舞厅、影剧院等有装饰要求的室内墙面、顶棚、柱面应用比较普遍，其图案变化多端，色泽丰富，通过不同的工艺，可以仿制许多传统材料的外观（如仿木纹、石纹、仿锦缎、仿瓷砖、仿黏土砖等），甚至可达到以假乱真的地步。

塑料墙纸是以纸为基材，在其表面进行涂塑后再经过印花、压花或发泡处理等多种工艺制成的一种墙面、顶棚装饰材料。

塑料墙纸可以有不同的颜色，上印有各色美丽图案，有的还用辊筒将墙纸压出具凹凸面的立体图案，发泡塑料墙纸中添加有发泡剂，印花再加热发泡而成。由于这是在印花后再发泡，油墨会起不同的抑制发泡作用，所以发泡后表面形成具有不同色彩的凹凸花纹图案，立体感强，既美观又吸声、保温。

由于在塑料中加入稳定剂、阻燃剂等，塑料墙纸难燃、防霉、隔热、吸声、不易结露、不怕水洗和不易受机械损伤，经久耐用。

塑料墙纸表面覆盖了塑料，在湿纸状态下的强度仍较高，耐拉耐拽，易于粘贴，陈旧后易于更换。塑料墙纸有一定的伸缩性，抗裂性较好，表面可清洗，对酸碱有较强的抵抗能力，允许粘贴于有一定裂缝的基面，且易于保养使用寿命长。

塑料墙纸的主要原料是聚氯乙烯树脂，并需要添加稳定剂、增塑剂、着色剂、填充剂等多种助剂，发泡墙纸的配方中还需要加入发泡剂。

塑料墙纸的生产一般分为二步：第一步在纸基上复合一层塑料，第二步是对复合好的墙纸半成品进行表面加工，包括印刷、压花、发泡压花等。

按在纸基上复合塑料的方法不同，生产塑料墙纸的工艺目前基本上有压延法和涂刮法两种。

压延法的主要设备是压延机。压延机有多个辊筒，常见的为四辊压延机。压延法生产墙纸是将熔融的塑料依次经过压延机辊筒的缝隙压成薄膜，然后复合在纸基上，所需设备多，投资规模较大，产品品种单调。

涂刮法生产的墙纸质感好，品种多，而且投资规模小，生产操作较简单，目前应用较多。所需原料为颗粒小、分子量高的糊状聚氯乙烯树脂，原料的成本高。这是因为涂刮法与其他常见的塑料加工方法不同，让塑料获得流动的方法不是加热熔融，而是将聚氯乙烯树脂和固态的助剂分散在增塑剂、溶剂等液体助剂里，配制成像面糊一样的聚氯乙烯糊。聚氯乙烯糊本质上是悬浮液，颗粒小、分子量高的糊状树脂使得聚氯乙烯糊不容易发生沉降并能保持比较稳定的黏度。

配好的聚氯乙烯糊经过脱泡，然后涂布在纸基上，涂覆了聚氯乙烯糊的纸，进入加热干燥机，就好像面糊涂刮在加热的煎饼饼铛上，聚氯乙烯塑料糊经烘熔形成均一的塑料层，并与纸基紧密粘接，冷却后经后继的表面加工而得到墙纸。

4.3.3 人造石材

厨房橱柜的台面常使用石材，有些台面可以看到有拼接的缝隙，而有些台面即使是曲尺型或者其他形状也完全没有接缝，甚至还可以与洗菜盆连为一体。

这样没有接缝的橱柜台面所用的是人造石材。以液态的不饱和聚酯树脂作为黏合剂，添加固化剂、着色剂、阻燃剂等助剂，与石英砂、大理石粉、方解石粉等搅拌混合，浇铸到模具里，在固化剂作用下，不饱和聚酯树脂分子间发生交联、转变为固态，把石粉均匀牢固地黏结在一起，然后经脱模、抛光等工序，即形成坚硬的人造石材制品。

不饱和聚脂树酯是透明的液体，颜色浅，光泽好，容易配制成各种明亮的色彩与花纹，黏度小，容易与石粉混合，易于成型。固化反应在常温、常压下可以进行，对模具材料要求不高，常用的模具材料有铸铁、钢、铝合金、玻璃、塑料、水泥、硅橡胶及石膏等，对于个性化的产品，可以很方便地采用玻璃、塑料、硅橡胶及石膏等价格较低的模具材料，按产品形状构造模具，比较容易制成形状复杂、多曲面的各种各样的制品，不仅可用于制备橱柜台面，还可制备洗菜盆、洗脸盆、浴缸等制品。

人造石材可以生产出多种花色品种，而且色差小，比天然石材轻，可以减轻楼体承重，兼备大理石的天然质感和坚固的质地，陶瓷的光洁细腻和木材的易于加工性，可以切割加工成各种形状，组合成多种图案。

天然石材的开采破坏山体，在开采和加工中会产生大量的废石料，处理这些废石料或占用土地堆放或进行填埋，浪费资源污染环境。人造石的主要原料是天然石材的下脚料，一方面，充分利用资源，并减少了废石料带来的损害，另一方面，人造石材的应用也减少了对天然石材的需求，利于保护环境。

附 1 扫一扫 · 发现更多精彩

（1）微课——管材挤出成型总体认识

（2）微电影《改变》，讲述高分子绝缘材料的重要性

（3）微课——塑料门窗

（4）微课——聚合物的老化与防老化

（5）微课——EPS 发泡成型技术

（6）微课——防火涂料成品

（7）微课——艺术涂料

（8）推文——“荷叶效应”你知道吗

附 2　参考文献

［1］刘佩华. 高分子建筑材料与检测［M］. 上海：学林出版社，2009.

［2］朱艺平，冯燕麟，聂秀娟. 纤维增强聚氯乙烯软管生产线试制总结［J］. 塑料，1992，21（5）：45–48.

［3］吴培熙，王祖玉，张玉霞，等. 塑料制品生产工艺手册［M］. 3 版. 北京：化学工业出版社，2004.

［4］王璐. 建筑用塑料制品与加工［M］. 北京：科学技术文献出版社，2003.

［5］吴大鸣，等. 特种塑料管材［M］. 北京：中国轻工业出版社，2000.

［6］杨嗣信. 建筑业重点推广新技术应用手册［M］. 北京：中国建筑工业出版社，2003.

［7］中国建筑材料检验认证中心，国家建筑材料测试中心. 建筑用管材与管件检测技术［M］. 北京：中国计量出版社，2009.

［8］魏昕宇. 塑料的世界［M］. 北京：科学出版社，2019.

［9］李朋朋，郭义，樊洁，等. 耐热聚乙烯管材料的支化结构研究 [J]. 现代塑料加工应用，2020，32（4）：34–36.

［10］曹茂盛. 材料现代设计理论与方法［M］. 哈尔滨：哈尔滨工业大学出版社，2017.

［11］徐甲强，向强，王焕新. 材料合成化学与合成实例［M］. 哈尔滨：哈尔滨工业大学出版社，2015.

［12］曾正明. 塑料制品速查手册［M］. 2 版. 北京：机械工业出版社，2015.

［13］张秀松. 电线电缆手册［M］. 3 版. 北京：机械工业出版社，2017.

［14］张书华. 高性能电缆材料及其应用技术［M］. 上海：上海交通大学出版社，2015.

［15］杨闵敏,徐顾洲,李露. 建筑装饰材料［M］. 北京：北京希望电子出版社，2017.

［16］杨忠久. 塑料门窗和 PVC–U 异型材生产技术与经营、管理、营销知识［M］. 南昌：江西科学技术出版社，2017.

［17］王亚明，申长雨. 塑料门窗制造新技术［M］. 北京：中国轻工业出版社，

2000.

［18］彭康珍. 新型塑料建材设计·生产·应用［M］. 广州：广东科技出版社，1997.

［19］饶戎. 绿色建筑［M］. 北京：中国计划出版社，2008.

［20］汪洋. 绿色城市的守望－智能建筑与绿色建筑［M］. 长春：吉林人民出版社，2014.

［21］齐蓓. 系统门窗在被动式建筑中的应用［J］. 绿色建筑，2016，8（04）：29-35.

［22］田斌守，邵继新. 建筑节能与清洁能源利用系列丛书墙体节能技术与工程应用［M］. 北京：中国建材工业出版社，2018.

［23］扈恩华，李松良，张蓓. 建筑节能技术［M］. 北京：北京理工大学出版社，2018.

［24］徐占发. 建筑节能技术实用手册［M］. 北京：机械工业出版社，2005.

［25］齐立权，等. 化学与生活［M］. 沈阳：辽宁大学出版社，1998.

［26］王叶，肖新颜，万彩霞. 自洁功能外墙涂料的研究及应用［J］. 化工新型材料，2008，36（3）：12-14，36.

［27］林宣益. 憎水保洁的微结构外墙乳胶漆——仿生学在建筑涂料中的应用［J］. 化学建材，2000，（5）：7-9.

［28］徐蕾. 自然趣玩屋探秘荷叶效应［M］. 上海：上海教育出版社，2016.

［29］章迎尔. 建筑装饰材料［M］. 上海：同济大学出版社，2009.

［30］贾宁，胡伟. 室内装饰材料与构造［M］. 2版，南京：东南大学出版社，2018.

［31］赵斌. 建筑装饰材料［M］. 天津：天津科学技术出版社，2005.

［32］吴承钧. 建筑装饰材料与施工工艺［M］. 郑州：河南科学技术出版社，2016.

［33］张琪. 装饰材料与工艺［M］. 上海：上海人民美术出版社，2013.

［34］杨元一. 身边的化工［M］. 北京：化学工业出版社，2018.

［35］徐百平. 塑料挤出成型技术［M］. 北京：中国轻工业出版社，2011.

［36］张长清，周万良，魏小胜. 建筑装饰材料［M］. 武汉：华中科技大学出版社，2011.

第五讲　高分子与“行”

随着社会的发展、人民生活水平的提高，人们的“行”基本上都借助于交通工具。汽车、火车、轮船、飞机等交通工具上有大量的高分子材料制品，这样不仅大大减轻了自身的重量，提高了承载能力和运输速度，而且也有效节省了能源。公路和铁路的建设也有高分子材料的存在。可以说是陆路交通、海运、航空都离不开高分子材料。

5.1　高分子材料与道路

随着社会经济的发展，我国高速公路持续快速发展，截至2020年年底，中国高速公路网络总里程约16万公里，稳居世界第一位。高速公路的路面标识、指示牌、隔音板等都用到了高分子材料。当汽车在高速路上快速平稳地行进时，你可能想不到路面中也有高分子材料。聚合物改性沥青、聚合物混凝土以及聚合物土工材料的应用，使道路工程的质量得到明显提高。

5.1.1　聚合物改性沥青

国内大部分地区采用沥青材料作为高速公路和城市道路的铺设材料。沥青廉价易得，具有优良的防水、防潮性能以及稳定性，但对温度较为敏感，黏附力较弱，单独使用沥青材料，路面高温变软或低温开裂，使用性能较差。同时，道路交通流量迅猛增长，车载量不断增大，对沥青路面的高温抗车辙能力、低温抗裂能力以及抗水损害能力提出了更高的要求，需对沥青进行改性来满足更高的性能要求，改性沥青路面可以有效改善行车舒适性和安全性。目前沥青改性通常的方法之一就是采用聚合物，通过聚合物优越的综合性能对沥青的高低温性能、耐久性等性能进行改善。

常用聚合物改性沥青有以下几种：

（1）橡胶类改性沥青

橡胶类改性材料用得最多的是丁苯橡胶（SBR）和氯丁橡胶（CR），可以提高沥青的黏度、韧性、软化点，降低脆点，使沥青的延度和感温性得到改善，这是由于橡胶吸收沥青中的油分产生溶胀（溶胀是高分子聚合物在溶剂中体积发生膨胀的现象），改变了沥青的胶体结构，因而使沥青的胶体结构得到改善，黏度得以提高。

废橡胶粉也可用于改性沥青，还可用丁苯橡胶胶乳与沥青乳液制成水乳型建筑用防水涂料和改性乳化沥青，用于道路路面工程。

（2）热塑性树脂改性沥青

热塑性树脂加热时变软，冷却后变硬，能提高沥青的黏度，改善高温抗流动性，同时可增大沥青的韧性，常采用的品种有低密度聚乙烯、乙烯－乙酸乙烯酯共聚物（EVA）。

（3）热固性树脂改性沥青

环氧树脂已应用于改性沥青。环氧树脂是指含有两个或两个以上环氧或环氧基团的醚或酚的低聚物或聚合物。我国生产的环氧树脂大部分是双酚A类。环氧树脂改性沥青的延伸性不好，但其强度很高，具有优越的抗永久变形能力，适用于公共汽车停靠站、加油站等。

（4）热塑性弹性体改性沥青

热塑性弹性体又称为热塑性橡胶，兼具橡胶和热塑性塑料的特性，是在常温下显示橡胶弹性，受热时又像热塑性塑料一样熔融呈可塑性的高分子材料。

在沥青改性中使用最多的为苯乙烯－丁二烯嵌段共聚物SBS。SBS高分子链具有串联结构的不同嵌段，即塑性苯乙烯段和橡胶丁二烯段，形成类似合金的组织结构。

热塑性弹性体对沥青的改性效果较好，正是由于其兼具橡胶与塑料的特性，在沥青拌和温度的条件下具有可塑性，便于施工，而在路面使用温度的条件下产生交联作用，从而形成立体网状结构，使沥青获得弹性和强度，具有高抗拉强度。

5.1.2 聚合物改性水泥混凝土

高分子聚合物不仅用于改性沥青，也可用于改性水泥混凝土。

水泥混凝土广泛应用于高等级路面大型桥梁工程，具有许多优良性能，强度高，但延伸性较小，是一种典型的强而脆的材料。借助聚合物的特性，采用聚合物改性水泥混凝土，则可弥补上述缺点，使水泥混凝土成为强而韧的材料。

聚合物改性混凝土有以下几种：

（1）聚合物浸渍混凝土

聚合物浸渍混凝土是将已硬化的混凝土（基材）经干燥后浸入液态的聚合物单体中，让单体渗入聚合物的孔隙，用加热或辐射等方法使混凝土孔隙内的单体发生聚合而生成的一种混凝土。

聚合物浸渍混凝土由于聚合物浸渍充满了混凝土毛细管孔和微裂缝，改变了混凝土的孔结构，因而使其物理、力学性状得到明显改善，韧性、抗冻性、耐硫酸盐、耐酸和耐碱等性能有很大改善。主要缺点是耐热性差，高温时聚合物易分解。

（2）聚合物水泥混凝土

聚合物水泥混凝土是在拌和混凝土时掺入聚合物（或单体），聚合物（或单体）和水泥共同起胶结作用的一种混凝土。

聚合物与水泥共同将砂石黏结在一起，提高了混凝土的抗弯拉强度、冲击韧性。聚合物具有优良的黏附性，因而可以采用硬质耐磨的岩石作为集料，这样可提高路面混凝土的耐磨性和抗滑性。聚合物在混凝土中能起到阻水和填隙的作用，因而可提高混凝土的抗水性、耐冻性和耐久性。

（3）聚合物胶结混凝土

聚合物胶结混凝土完全以聚合物作为混凝土的胶结材料，常用的聚合物为各种树脂或单体，所以也称“树脂混凝土”。

由于聚合物的密度较水泥的密度小，所以聚合物混凝土的密度较小，聚合物混凝土的抗压、抗拉或抗折强度比普通水泥混凝土要高，特别是抗拉和抗折强度尤为突出，这对减薄路面厚度或减少桥梁结构断面都有显著效果。

聚合物与集料的黏附性强，可采用硬质石料制成混凝土路面抗滑层，提高路面抗滑性。此外，还可做成孔隙式路面防滑层，以防止高速公路路面的漂滑和减小噪声。

由于聚合物填充了混凝土中的孔隙和微裂缝，可提高混凝土的密实度，增强水泥石与集料间的黏结力，并缓和裂缝尖端的应力集中，改变普通水泥混凝土的原有性能，使之具有高强度、抗渗、抗冻、抗冲、耐磨、耐化学腐蚀、抗射线等显著优点。除了用于特殊要求的道路与桥梁工程结构外，聚合物混凝土也经常用于路面和桥梁的修补工程。

5.1.3 土工布

公路旁边，有时我们会看到塑料网覆盖在坡面上，这些塑料网属于土工合成材料。

土工合成材料是以塑料、化纤、合成橡胶为原料制成的产品，置于土体内部、表面、各层土体之间起着加强和保护的作用。它的种类有很多，其中有一类具有透水性的布状织物——“土工织物”，俗称“土工布”。常用的土工布有聚丙烯（丙纶）、聚酯（涤纶）、聚乙烯、聚酰胺（尼龙）和聚偏二氯乙烯等。目前，土工合成材料主要包括：土工织物（透水、布状），土工网、格、垫（粗格或网状），土工薄膜（不透水、膜状）和土工复合材料（以上材料的组合）。

土工布有以下作用，而且在一项工程中，可以同时发挥多种作用。

（1）排水作用

土工布是多孔隙透水介质，埋在土中可以汇集水分，并将水排出土体，不仅可以沿垂直于平面的方向排水，也可以沿其平面方向排水。

（2）反滤作用

为防止土中细颗粒被渗流潜蚀（管涌现象），传统上使用级配粒料滤层。而有纺和无纺土工布都能取代常规的粒料，起反滤层作用。工程中往往同时利用土工布的反滤和排水两种作用。

（3）分隔作用

在岩土工程中，不同的粒料层之间经常发生相互混杂现象，使各层失去应有的性能。将土工布铺设在不同粒料层之间，可以起分隔作用。例如，在软弱地基上铺设碎石粒料基层时，在层间铺设土工布，可有效地防止层间土粒相互贯入和控制不均匀沉降。土工布的分隔作用在公路软土路基处理中效果很好。

（4）加筋作用

土工布具有较高的抗拉强度和较大的破坏变形率，以适当方式将其埋在土中，作为加筋材料，可以控制土的变形，增加土体稳定性。

土工布用于土木工程始于20世纪50年代末，最早是在美国佛罗里达州，将透水性合成纤维纺织物铺设在混凝土块下，作为防冲刷保护层。道路工程是土工合成材料的应用大户，不仅应用数量大，而且品种规格多，品质要求高。在各种土工材料产品中，加筋类材料的使用尤其众多，它们在铁路、公路、桥梁、隧涵中的作用越来越大，有的已到了不可或缺的程度；其次，排水反滤材料在道路工程中也应用很广，土工网和复合排水板作为隧洞衬砌的排水层，不仅有效而且方便；道路边坡上的防冲、防渗和绿化更离不开土工材料。特别是在我国大规模的高速铁路和高等级公路的建设中，土工合成材料的使用又将达到一个新的水平。

5.2　高分子材料与交通工具

汽车、火车、轮船、飞机等交通工具上有大量的高分子材料制品，包括塑料、橡胶、纤维、胶黏剂、涂料等。例如，每辆汽车上约有300~400个零件是由塑料制造的，包括汽化器、燃料箱、蓄电池壳、充电盘、驾驶盘、齿轮、衬套、球座、垫片及仪表部件，等等；在每架大型超音速飞机上则装配了约2500个工程塑料零件。这样不仅大大减轻了自身的重量，提高了承载能力和运输速度，而且也有效节省了能源。

橡胶具有高弹性，每辆汽车上大约有200种橡胶制品。橡胶用量最大的是轮胎。全世界约有80%的橡胶被用来制造轮胎。此外，它还被广泛用来制造水、气、燃油、润滑油、液压油等的输送管，汽车偏心轴等的传动带，用于前后轴、曲轴、离合器、变速器、差速器制动系统和排气系统等部位的油封、密封圈和衬垫，汽车门玻璃密封条，用于传递曲轴皮带轮和水泵、发电机、压缩机等皮带轮之间动力的风扇皮带，用于发动机、底盘等零部件上的减震块等。

纤维材料在汽车上多用于内部装饰，例如，座椅蒙皮、地毯、顶盖表皮、遮阳板表皮、安全带等，还用作汽车轮胎的帘线、复合材料的强化纤维等。

胶黏剂具有工艺简单、粘接强度高、成本低等特点，可用于汽车中发动机罩内外挡板的粘接和挡风玻璃的粘接；涂料用于汽车、船舶、管道等表面的防护，可以起到防腐蚀作用，明显延长其使用寿命；涂料还可以起到色标和警示作用，便于操

作者识别和操作，避免事故的发生。

高分子材料以其丰富的资源和优良的力学性能、耐高低温性、防腐蚀性、轻便性、绝缘性、耐磨性等在交通运输领域得到了广泛的应用。

5.2.1 黑色的轮胎与橡胶制品

轮胎的主要材料是橡胶。橡胶有优良的弹性、伸缩性、抗撕裂性、耐磨性、隔音性、绝缘性和良好的储能能力等特性，适合于制作轮胎、密封件、减振件、传动件、电线绝缘套等制品。

人类使用的第一种橡胶是天然橡胶。天然橡胶的使用最早可追溯到公元前1500年的玛雅文明，玛雅人用天然胶制作橡胶球，作为祭祀之神物。哥伦布在探索美洲大陆时发现，当地人在玩一种由植物汁液制作成的弹性小球，他们还把这种植物的汁液涂在身上、脚上，用于防水，于是将橡胶带回了欧洲。这种植物就是三叶橡胶树，原本种植在巴西境内的热带雨林地区，也被称为巴西橡胶树。

割破橡胶树的树皮（见图5-1），收集到的牛奶状汁液称为“天然胶乳”，天然胶乳是由橡胶粒子分散在水相中而形成的乳状水分散体，橡胶粒子的成分是聚异戊二烯，除水和橡胶之外，还有一些非橡胶成分，如蛋白质、树脂、糖类及无机盐等。收集到的胶乳经过滤，注入专门的储器内，新鲜的胶乳易受细菌、各种微生物及酶类作用而变质，需加入稳定剂（如氨水）来抑制这些微生物作用。胶乳送往工厂后，一是制成干胶，以适应各方面对橡胶制品的要求；二是制成浓缩胶乳，以满足各方面对胶乳制品（气球、乳胶手套、乳胶管、乳胶海绵等）的需要。

图5-1　橡胶树割胶

19 世纪初，天然橡胶才开始工业研究和应用。与使用过程中基本保持形状不变的塑料不同，橡胶的弹性模量很低，在外力作用下可产生很大变形，去除外力后能恢复原状，但是完全恢复原状需要一定的时间。这样的状态称为高弹态。

橡胶最突出的特性是在很大温度范围内处于高弹态，一般橡胶处于高弹态的温度范围是 -40~80℃。某些特种橡胶处于高弹态的温度范围为 -100~200℃。处于高弹态的橡胶实质上是一种液态，在外力作用下，卷曲的分子被拉直，能够产生很大的形变，同时也可能出现分子间相对位置的变化，不能保持住制品的形状，这对橡胶制品的使用带来了困难。

美国发明家固特异开发出橡胶硫化技术后，天然橡胶克服了橡胶制品冷天变硬、热天变软的顽疾，成为真正实用化的工业产品。硫化的实质是“交联”，在橡胶中加入交联助剂，在一定的温度、压力条件下，使线型大分子之间生成化学键，转变为三维网状结构，网状结构使得分子之间有了连接，能够保持住制品的形状。由于最早是采用硫黄实现天然橡胶的交联的，所以称硫化。

1888 年，邓禄普为自行车发明了充气轮胎，1895 年，安德列 · 米其林首次在汽车上使用充气轮胎。自此，橡胶轮胎应用于各种车辆以及飞机。

地理环境（土壤，气候等）、树种、树龄及割胶季节等因素，会影响天然胶乳的组成、结构及胶体性质，同样也影响浓缩胶乳及天然橡胶的组成、机构与性能，而且能够种植橡胶树的区域有限，也限制了天然橡胶的产量。

20 世纪四五十年代，丁苯橡胶、丁腈橡胶、丁基橡胶等合成橡胶的开发，为轮胎与其他橡胶制品提供了更多品种的材料。

然而，除了少数的自行车和童车之外，不管是摩托车、电动车、汽车还是飞机，不管车体是什么颜色，轮胎都是黑色的。

这是因为炭黑是橡胶工业中最重要的补强剂，加入炭黑能使橡胶的拉伸强度、撕裂强度及耐磨耗性同时获得明显提高，非结晶性的丁苯橡胶、丁腈橡胶经炭黑补强后，强度可提高 10 倍，否则这两种橡胶是没有什么使用价值的。炭黑耗量约占橡胶耗量的一半，可以毫不夸张地说，没有炭黑工业便没有现代蓬勃发展的橡胶工业。

为了保障轮胎和其他橡胶制品的优良性能，必须添加炭黑，而炭黑的着色能力非常强，少量的炭黑就能让制品变成黑色，作为补强剂使用的炭黑用量远高于着色的用量，所以高速行驶的车辆、飞机的轮胎一定是黑色的。同样的，性能比外观更为重要的橡胶管、运输带、密封圈和衬垫等部件也是黑色的。

童车车轮、热水袋、橡皮筋这一类浅色或彩色的橡胶制品对性能的要求没有那么高，更希望有好看的外观，不能加炭黑，但还是要加入补强剂，所以人们找到了颗粒细小的二氧化硅粉末作为炭黑的替代品，它被称为“白炭黑”。这个看似矛盾的名字也说明了：这是一种白色的、作用类似炭黑的橡胶补强剂。白炭黑在橡胶工业中作为补强剂，其补强效果仅次于炭黑，超过其他任何一种白色补强剂。另外，炭黑在硅橡胶中并无明显的补强作用，而白炭黑恰好能适用于硅橡胶。

进入 20 世纪后，汽车产业进入高速发展阶段，橡胶轮胎的产量也不断攀升，随之而来的便是对天然橡胶的需求量大增，天然橡胶甚至被人们称为“黑色黄金”。在天然橡胶成为“黑色黄金”的同时，橡胶树的产地也开始变成了名副其实的“黑色金矿”。然而，橡胶树对于生长环境颇为挑剔，它原产于亚马孙河流域，喜爱高湿度的环境。

我国位于非传统植胶区。中华人民共和国成立前，全国仅有约 120 万株橡胶树，这与我国天然橡胶的需求量之间存在着巨大的缺口。1951 年，我国作出“关于扩大培植橡胶树的决定”，经过广大农垦人数十年的奉献与奋斗，成功地在北纬 18°~24°、东经 100°~120° 的地区大面积植胶，打破了被世界橡胶种植界公认的“三叶橡胶树在北半球只适宜在北纬 17° 线以南生长”的种植禁区，建立了海南、云南、广东三大橡胶生产基地，植胶面积 1700 万亩以上，年产量 80 万 t 左右，跻身世界产胶大国行列，国内生产的天然橡胶已能保障部分供给，在日益复杂多变的国际竞争中，起到了“压舱石”的作用。

5.2.2 又平又稳的高铁

人们出行常选择高铁，中国高铁速度快、准点率高，而且平稳性非常好。很多人都看过在高铁上立硬币、立钢笔的图片或视频，甚至自身都试过以此验证高速列车行驶的平稳性。那么高铁是如何做到平稳行驶的呢？

如图 5-2 所示，首先，高铁无砟（没有小石子）轨道由钢轨、扣件和单元板组

成，轨枕用混凝土浇灌而成，铁轨和轨枕直接铺在混凝土路基上。水泥枕与铁轨间采取了许多连接稳固的措施，因此整条线路水平误差不超过 0.1mm，钢轨上消除了接口，车轮平稳地滚动，列车行驶不再有“哐当哐当”的震动。

图 5-2 高铁无砟轨道

其次，轨道的水泥枕、铁轨和地基间的连接处，均以聚氨酯弹性体填隙和密封，在轨道结构中，还采用了天然橡胶、氯丁橡胶等弹性体作为钢轨夹垫、撑垫和轨枕的垫件。这些橡胶和弹性体的制件使铁轨连接稳固，不因气候变化而位移，还起到防震和消除噪声的作用，增添了旅客的乘车舒适感。

另外，高铁列车还采用了减震降噪的特种材料。橡胶的弹性、耐疲劳、耐老化性能优异，已在高速列车上广泛应用于防振、缓冲、隔音、密封和绝缘，以及弹性耦合件和空气橡胶簧等方面，其减振降噪作用特别显著。

车厢门窗采用橡胶密封条，不仅耐寒耐候，使用寿命长，更主要的是能适应高速运行中的风速和风压，全密封的车厢有效地隔绝了外界的噪声；车厢连接棚的材料一般也采用耐候性好的橡胶、塑料或橡塑复合材料。高分子材料对高速列车的舒适平稳具有无可取代的作用。

5.2.3 汽车轻量化

汽车轻量化，是指在保证汽车的强度和安全性能的前提下，尽可能地降低汽车的重量，从而提高汽车的动力性，减少燃料消耗以降低排气污染。例如，传统燃油汽车车体自重每减少 10%，汽车的燃油效率即可提高 6%~8%，汽车每减重 100kg，油耗可降低 0.3~0.6L/100km，二氧化碳的排放量可减少 500~800g/100km。

在驾驶方面，轻量化以后，汽车的整体加速性将会得到显著提高，操控的灵敏

性随之变高，车辆控制的稳定性、噪声、振动等方面也均有改善。

高分子材料密度低，是重要的汽车轻量化材料，不仅可减轻零部件约 40% 的质量，而且还可使采购成本降低 40% 左右。因此高分子材料的应用也日益广泛，不仅用于汽车内饰件（见图 5-3）、外饰件，并且扩展到结构件、功能件等部件，例如汽车的油箱、水箱、发动机盖、保险杠、车尾箱等，奥迪 A2 型轿车的高分子制件总质量已达 220kg，占总用材的 24.6%，而且用量持续增长。

图 5-3　汽车内饰

目前，车用塑料材料制品（见图 5-4）的品种与所占比例大体为：聚丙烯 21%、聚氨酯 19.6%、聚氯乙烯 12.2%、热固性复合材料 10.4%、ABS 8%、尼龙 7.8%、聚乙烯 6%。为了满足汽车对材料的使用性能要求，需要对塑料进行改性，即改善、提高塑料的性能。常见的塑料改性方法有：添加另一种聚合物的共混改性，添加纤维的增强改性，添加纳米材料的纳米复合改性，添加碳酸钙、滑石粉等填料的填充改性等。

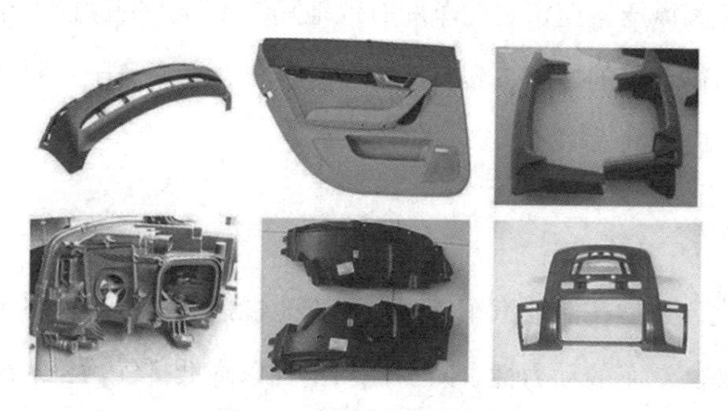

图 5-4　车用改性塑料制品

车用塑料占比最大的是聚丙烯（PP）。聚丙烯是常见塑料中质量最轻的一种，耐热性和耐化学腐蚀性强，尤其是近年来，随着共聚、复合、共混、动态硫化等聚丙烯改性技术的发展，高超韧性、高流动性、高耐热性、高刚性等各种高性能聚丙烯相继问世，改性聚丙烯作为重要的新型结构材料，在汽车上的应用越来越广泛，用以替代较为昂贵的工程材料。聚丙烯及其复合材料可广泛应用于汽车保险杠、仪表板、内外饰件、空调系统部件、蓄电池外壳等，这些应用占全车聚丙烯用量的一半以上，其他应用还包括冷却风扇、方向盘、各种壳体等。

5.2.4 比塑料更强的复合材料

随社会和科技的发展，对材料的强度及其他性能提出了种种要求，单一材料已经不能满足，复合材料因此应运而生，并得到了飞速发展。

复合材料是由两种或两种以上不同性质的材料，通过物理或化学的方法，构成的具有新性能的一种先进材料。纤维增强改性塑料，是在塑料基体材料中添加纤维状材料以改进性能，所得到的材料称为纤维增强塑料复合材料。

大家知道，纤维状的材料比块状材料要强得多，这是由于纤维中原子和分子的排列是有规则的，避免了内在缺陷。但纤维状材料不易直接利用，所以就将纤维用黏合剂粘在一起，固定成片状、块状的复合材料。例如，最古老而又简单的纸筋石灰，就是用石灰与麻或草的纤维混合在一起而成的。它集两种材料的优点于一身，既发挥了石灰较硬及耐用的特点，又具有麻或草纤维强度大的优点。

纤维增强塑料复合材料所用的纤维有玻璃纤维、碳纤维、硼纤维、晶须、有机聚合物纤维及其织物，塑料可以是热塑性的，也可是热固性的。

复合材料中使用最多、最普遍的纤维是玻璃纤维和碳纤维。玻璃纤维是将高温下熔化的玻璃液通过漏板上的细孔拉出来的细丝，然后经过拉伸、表面处理，还可以织成不同结构的玻璃布、玻璃毡。把有机纤维在隔绝空气的情况下，加热到1000℃以上碳化，然后制成了碳纤维。

纤维增强塑料复合材料中，纤维分散在塑料中，塑料将纤维黏结在一起，两相间“取长补短”“协同作用”，极大地弥补了单一材料的缺陷，赋予复合材料各种优异的性能，特别是力学性能（强度、刚性等）可以提高数倍甚至数十倍，大大拓展了塑料材料的用途。

纤维增强塑料复合材料不仅用于汽车，也是让大型民用飞机、高铁、轮船、自行车等交通工具实现“轻量化”的完美材料。

（1）汽车用碳纤维增强塑料复合材料

车用碳纤维增强塑料复合材料的密度一般为 1.5~2.0g/cm^3，只有普通碳钢材的 1/4~1/5，比铝合金还要轻 1/3 左右。然而，碳纤维复合材料的机械性能十分优异，其抗拉强度比钢材高 3~4 倍，刚度比钢材高 2~3 倍，复合材料的耐疲劳性比钢材高 2 倍左右，碳纤维复合材料还具有良好的吸能效果，当汽车受撞击时，碳纤维复合材料可很好地吸收由碰撞产生的巨大冲击力，起到良好的缓冲减震效果，减少因撞击产生的碎片，有效提升汽车的安全性能。

碳纤维增强塑料复合材料在汽车领域的主要应用包括：发动机系统中的连杆、推杆、摇杆、水泵叶轮，传动系统中的传动轴、离合器片、加速装置及其壳罩等，底盘系统中的悬置件、散热器、弹簧片、框架等，车体上的车顶内外衬、侧门、地板等。

（2）高铁中的纤维增强复合材料

2011 年年底，中车青岛四方股份有限公司在 500km/h 高速试验列车上，采用了碳纤维复合材料车头罩。其抗冲击性能和力学性能优良，能耐住 1kg 铝弹的 660km/h 高速撞击。可以承受 350kN 的静载荷。阻燃性能达到 S4 级。司机室的内饰板采用玻璃纤维 + 纸蜂窝结构，减重 30%。受电弓导流罩利用中空织物整体成型，减重约 50%。

车体是轨道列车的重要组成部分，为了进一步减轻车体的重量，采用新型复合材料取代原有的铝合金、钢车体材料。碳纤维目前应用最广泛的是在内饰件方面。车门、车窗和座椅都可以采用碳纤维复合材料进行改进使车体重量大大减轻。列车的墙板、顶板和地板等，都有碳纤维复合材料的应用。

（3）飞机上的碳纤维复合材料

航空产品要求质量轻、刚度大、耐摩擦、抗疲劳、电磁屏蔽稳定性好、耐高温，这些都是碳纤维复合材料的主要性能。

2017 年 5 月 5 日，在全国人民的关注和喝彩声中，浦东国际机场一架国产大型喷气式客机——C919 完成了首次成功起降。我国自主研发的 C919 大型喷气式客机 C919 的碳纤维复合材料用量约为 12%（飞机结构重量），部件为水平尾翼、垂直尾翼、翼梢小翼、后机身（分为前段和后段）雷达罩、副翼、扰流板和翼身整流罩等

（见图 5-5）。后机身前段由 4 块整体复合材料型板、1 个整体复合材料球面加筋框、6 个复合材料 C 型框等组成，包含近 600 项零件。如此大规模地采用碳纤维复合材料，国内尚属首次。

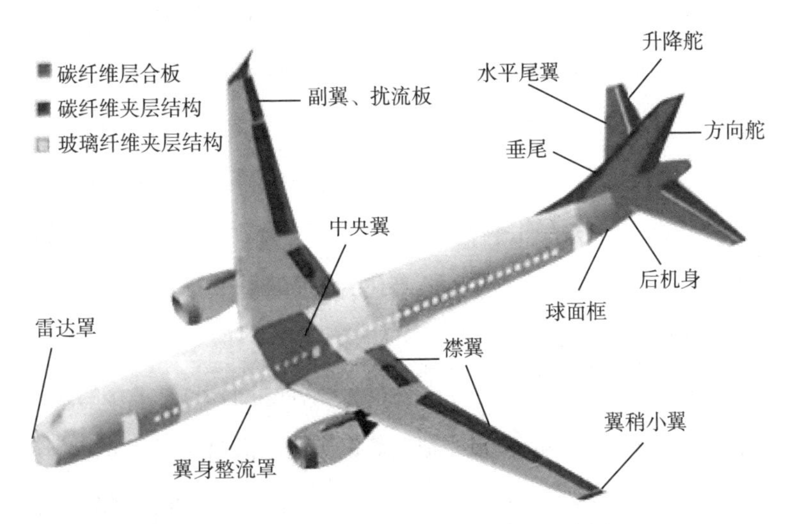

图 5-5　C919 大型客机先进复合材料使用示意图

大型客机空客 A380 和波音 787 使用了约为 50%的碳纤维复合材料。这使飞机机体的结构质量减轻了 20%，比同类飞机可节省 20%的燃油，从而大幅降低了运行成本，减少了二氧化碳排放。

（4）玻璃钢船舶

2015 年，国内最长的玻璃钢游艇“kingbaby”号在珠海鸡啼门水道举行了下水仪式。这艘由先歌游艇制造股份有限公司制造的“巨无霸”长达 42m。

玻璃钢并不是钢，也不是玻璃与钢的混合物，而是把热固性树脂涂布在玻璃纤维或玻璃布上，再经加工成型制成的纤维增强热固性塑料复合材料。因为以玻璃纤维为骨架，力学强度很高，因而被称为玻璃钢。

为了使一块玻璃钢各处的强度一致，玻璃钢中的玻璃纤维分布要均匀。人们想了许多方法来解决这个问题，但不管如何缠绕、编织或压制，玻璃钢在不同方向上的强度还是有一些差别。这并不一定是缺点，有时可能是优点，只是看它用在什么地方罢了。例如，用玻璃钢作屋梁和机械骨架时，要求沿长度方向的强度要大，因此，可以把大部分玻璃纤维沿一个方向排列，使这个方向上的强度大大提高，以满足要求。

玻璃钢质轻、高强，对减轻结构重量有较大的潜力，特别适用于限制重量的高性能船舶和赛艇；由于耐腐蚀、抗海生物附着，比传统的造船材料更适合在海洋环境中使用；由于无磁性，因而是扫雷艇、猎雷艇最佳的结构功能材料；由于介电性和微波穿透性好，而适宜于军用舰艇；由于能吸收高能量，冲击韧性好，所以船舶不易因一般的碰撞、挤压而损坏；由于导热系数低，隔热性好，因而适合制造救生艇（特别是全封闭式耐火救生艇）、渔船和冷藏船等；由于船体表面能达到镜面光滑，并可具有各种色彩，所以特别适合建造形状复杂、款式多样、外形美观的游艇；具有可设计性好的特点，能按船舶结构各部位的不同要求，通过选材、铺层研究和结构选型等来实现优化设计；整体性好，可以做到整个船体无接缝和缝隙。

玻璃钢当前已能用来建造各种中小型舰船，从数量上来看，最多的是游艇、渔船、救生艇、工作艇以及反水雷舰艇等。把玻璃钢应用于渔船生产，可以充分发挥树脂基复合材料质轻、高强度、耐腐蚀的特性，增强船体浮力，减少制造成本。

（5）碳纤维自行车

使用碳纤维复合材料制成自行车的车构架、前叉部件、车轮、曲轴及座位支架等部件，不仅使自行车外观更具美感，同时也赋予了车体良好的刚性和减震性能。车体重量进一步下降，骑乘舒适性更好。图 5-6 的碳纤维折叠自行车仅有 7kg。

图 5-6　碳纤维折叠自行车

5.2.5　合成的“海绵”

在生活当中，我们经常接触到一种叫作“海绵”的柔软有弹性的发泡材料，用

作家庭清洁用品、衣物垫肩、家具、沙发，也用于汽车、高铁、飞机的座椅，以及汽车顶棚、地毯背衬等。为什么会称为“海绵”，它是什么材料制成的?

人们最早使用“海绵”这个词时，所指的是大海里的一种最原始、最低等的多细胞动物，它们的身体柔软，有许多小孔。大约从古埃及时期开始，人们捕捞天然海绵用作“沐浴海绵”。而我们现在常说的海绵是由高分子材料制备的多孔性产品，可以看作是模仿天然海绵发明的一种人造材料，常见的是聚氨酯泡沫塑料、胶乳海绵。

第四讲中我们了解到泡沫塑料可作为保温隔热材料，闭孔型的泡沫塑料隔热性好。而海绵是开孔型的泡沫塑料或泡沫橡胶材料，其中的微小气孔大部分相互贯通，可以透水、透气。

最早的海绵是用天然胶乳生产的，常用机械发泡法，整个生产过程类似蛋糕的制作。利用网笼式搅拌子的高速搅拌使空气与配制好的胶乳混合均匀起泡，然后加入迟缓胶凝剂，搅拌均匀后，立即注入模型中，约需 2~5min 胶乳开始凝固，待凝结坚固后再进行硫化交联，固定胶乳的气泡结构。由于采用敞开的模具，泡孔中的气体膨胀时可以逸出，使得泡孔相互贯通，这样就得到了开孔型的泡沫材料。反之，闭孔型的泡沫材料就要采用封闭式的模具，泡孔中的气体不能逸出，保持住各个独立的泡孔结构。

胶乳海绵是一个多孔的连续气泡体，气孔约有 90%~95% 是彼此相连通的，气孔中充满了空气，这一结构使胶乳海绵重量轻、能吸收震动、富有弹性，在变形后能迅速复原，耐压缩疲劳，承载性好，舒适耐久。虽然成本较高，尚未有任何其他海绵材料能完全代替胶乳海绵。

20 世纪 50 年代出现的软质聚氨酯泡沫塑料，尽管耐久性、舒适性、承载性以及缓冲性能等方面不如胶乳海绵制品，但聚氨酯软质泡沫具有密度小、成本低等优点，聚氨酯软质泡沫作为弹性垫料得到了广泛的应用。目前家具座椅、沙发、汽车坐垫和靠背等的垫材基本上都是聚氨酯软泡，是聚氨酯软泡用量最大的市场。

聚氨酯泡沫塑料的生产过程与胶乳海绵不同，产生气孔的气体来自发泡剂，而且聚氨酯也是在制备泡沫塑料的过程中生成的，其生产过程是一个复杂的化学反应过程。初期的体系为液相，随着反应的进行，聚氨酯不断合成，液体物料黏度不断上升，在黏度适宜的时候发泡剂分解放出气体，形成气泡，然后发生交联反应固定发泡体结构，软质聚氨酯泡沫塑料最终为交联的高弹状态。可以制成块状的泡沫塑料，也可以在模具中制备不同形状的模塑泡沫塑料。

用聚氨酯块状泡沫制造坐垫时，一般裁成简单的长方体。如火车和大客车上的长座椅、沙发等。外形复杂的坐垫，特别是各种车辆及其他交通工具用软坐垫，基本上全部采用模塑泡沫塑料。

坐垫一般由聚氨酯软泡和塑料（或金属）骨架支撑材料制成，全聚氨酯坐垫是采用双硬度聚氨酯软泡制造的，例如采用硬度较高的聚酯型泡沫作为支撑件，坐垫表面层使用软质聚醚型泡沫塑料或高回弹泡沫塑料。

附1 扫一扫·发现更多精彩

（1）微课——硫化，神奇的变化

（2）微课——轮胎制造 VS 蒸馒头

（3）推文——世界上第一款智能液体减速带，以柔克刚

（4）推文——汽车上的高分子材料

（5）微课——碳纤维

（6）推文——它，助推了国产大飞机 C919 成功起飞！

（7）汽车车身材料——智慧职教课程

附 2 参考文献

[1] 张彧，王天亮. 道路工程材料 [M]. 北京：中国铁道出版社，2018.

[2] 杨青. 道路工程材料 [M]. 重庆：重庆大学出版社，2007.

[3] 董晓英，王栋栋. 建筑材料 [M]. 北京：北京理工大学出版社，2016.

[4] 芦国超,张汉军. 道路与桥梁工程材料 [M]. 北京：北京理工大学出版社，2013.

[5] 余剑英，庞凌，吴少鹏. 沥青材料老化与防老化 [M]. 武汉：武汉理工大学出版社，2013.

[6] 杨军等. 聚合物改性沥青 [M]. 北京：化学工业出版社，2007.

[7] 鲁玉莹，余黎明，方洁，等. 聚合物改性沥青的研究进展 [J]. 化工新型材料，2020，48（4）：222-225，230.

[8] 包承纲. 土工合成材料应用原理与工程实践 [M]. 北京：中国水利水电出版社，2008.

[9] 朱敏. 工程材料 [M]. 北京：冶金工业出版社，2018.

[10] 何莉萍. 汽车轻量化车身新材料及其应用技术 [M]. 长沙：湖南大学出版社，2016.

[11] 邹玉清，宋佳妮. 汽车材料 [M]. 北京：北京理工大学出版社，2015.

[12] 武丹，马成权，白瑛. 汽车材料 [M]. 北京：北京理工大学出版社，2015.

[13] 白树全，高美兰. 汽车应用材料 [M]. 北京：北京理工大学出版社，2013.

[14] 李玺. 橡胶：从被“卡脖子”到成为“压舱石”[N]. 中国绿色时报，2020-12-04.

[15] 黄建南. 十万个为什么：植物 [M]. 上海：少年儿童出版社，2003.

[16] 杨清芝. 现代橡胶工艺学 [M]. 北京：中国石化出版社，1997.

[17] 高亮. 轨道工程 [M]. 北京：中国铁道出版社，2015.

[18] 李宏. 中国高铁的奥秘 [M]. 广州：广东高等教育出版社，2018.

［19］沈熙徕．我国高铁安全平稳运行的奥秘［J］．交通与运输，2017，33（5）：51．

［20］刘道春．概述车用塑料的性能特点及应用（1）［J］．摩托车技术，2021（3）：49–53．

［21］刘道春．概述车用塑料的性能特点及应用（2）［J］．摩托车技术，2021（4）：46–50．

［23］王德龙．复合材料在高铁上的应用［J］．中国高新区，2017（10）：18．

［24］李世涛，赵长龙．复合材料在高速列车上的应用：大型、复杂、通用［J］．中国战略新兴产业，2014（15）：88–91．

［25］杨元一．身边的化工［M］．北京：化学工业出版社，2018．

［26］杨惠昌．高分子世界［M］．郑州：河南人民出版社，1980．

［27］孙银霞，赵永霞，赵保卫．无处不在的碳纤维［M］．兰州：甘肃科学技术出版社，2012．

［28］陶红亮．原始海洋［M］．北京：海洋出版社，2017．

［29］赵光贤，等．橡胶工业手册：生活橡胶制品和胶乳制品［M］．北京：化学工业出版社，1990．

［30］胡又牧，魏邦柱．胶乳应用技术［M］．北京：化学工业出版社，1990．

［31］刘通，程原，李普旺，等．天然胶乳海绵制备工艺参数的研究［J］．广东化工，2017，44（1）：19–20，33．

［32］孔萍，刘青山．塑料材料［M］．广州：广东高等教育出版社，2017．

第六讲　高分子与“医”

早在公元前3500年，埃及人就用棉花纤维、马鬃缝合伤口，墨西哥印地安人用木片修补受伤的颅骨。在公元前500年的中国和埃及墓葬中已经发现有假手、假鼻、假耳等假体。在近现代以来，随着高分子合成材料的异军突起，大量合成材料被用于临床实践。1949年，美国首先发表了医用高分子的展望性论文，第一次介绍了利用有机玻璃——聚甲基丙烯酸甲酯（PMMA）作为人的头盖骨、关节和股骨，利用聚酰胺纤维作为手术缝合线的临床应用情况。

20世纪50年代，有机硅聚合物被用于医学领域，使人工器官的应用范围大大扩大，涵盖器官替代和整形、整容等许多方面。随后，美国、日本、欧洲等地工业发达国家不断有文章报道，有些已在临床上得到应用。我国进行研究开发的历史较短，20世纪70年代开始进行人工器官的研制，并有部分器官进入临床应用。1980年成立了中国生物医疗工程学会，并于1982年又成立了中国医学工程学会人工脏器及生物材料专业委员会，使得生物医学器材获得进一步发展。生物医用高分子材料科学是高分子材料和医学的一门交叉科学。融合了高分子化学和物理、高分子材料工艺学、药理学、病理学、解剖学和临床医学等方面的知识，还涉及许多组织工程学问题。生物医用高分子材料的发展，对于战胜危害人类的疾病，保障人民身体健康，探索人类生命奥秘具有重大意义。

据统计，2020年中国医疗器械市场规模超过8000亿元，医用耗材市场规模已经达到3200亿元。医用聚合物是医疗器械市场，尤其是医用耗材市场的重要原材料，从简单的输液器、注射器、手套、防护服，到相对复杂的心血管支架、骨科植入物、3D打印产品等，都需要用到医用聚合物。有数据表明，全球医用聚合物市场预计到2024年将超过240亿美元。下面就让我们来了解下高分子材料在医学中的应用。

6.1 医用高分子材料的分类

在医疗领域中高分子材料占据重要的半壁江山。按照材料的性质，医用高分子材料可分为生物惰性高分子材料和可生物降解两大类。我们根据高分子材料在医疗领域的用途将其细分为以下几类：医疗器械高分子材料、药用高分子材料、人造器官高分子材料、医药包装高分子材料、个体防护装备高分子材料，等等，接下来让我们一起从医疗用途上认识它们。

6.1.1 医疗器械高分子材料

（1）手术用材料

缝合线（见图 6–1）、黏合剂、止血剂（见图 6–2）、整形矫正材料、骨骼牙齿修补材料、血管和输精管栓堵剂、脏器修补材料等。

图 6–1 手术缝合线

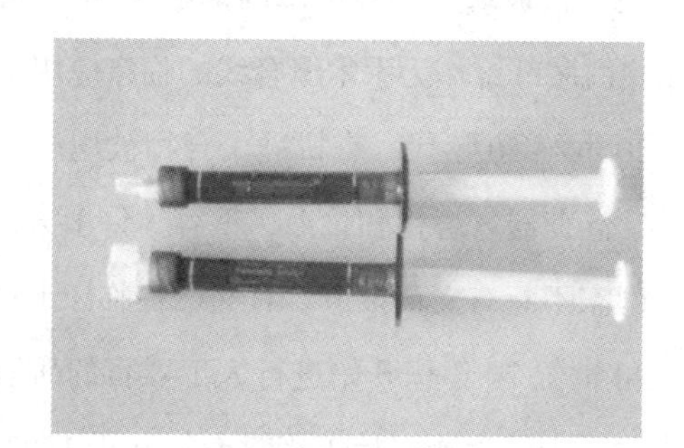
图 6–2 止血剂

（2）治疗用敷料

创伤被覆材料（见图 6–3）、吸液材料、人工皮肤（见图 6–4）、消毒纱布等。

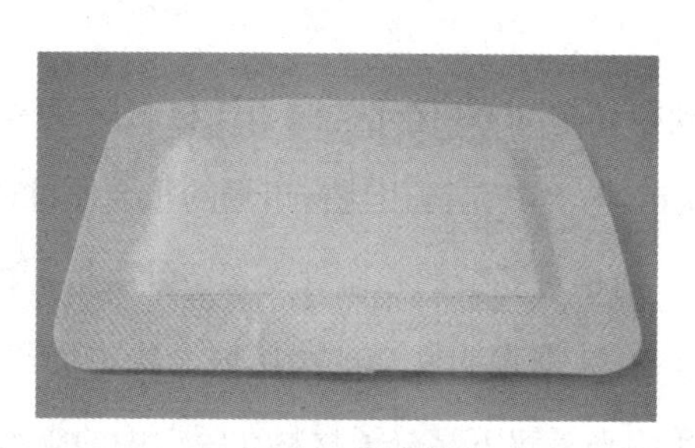
图 6–3 创伤敷贴

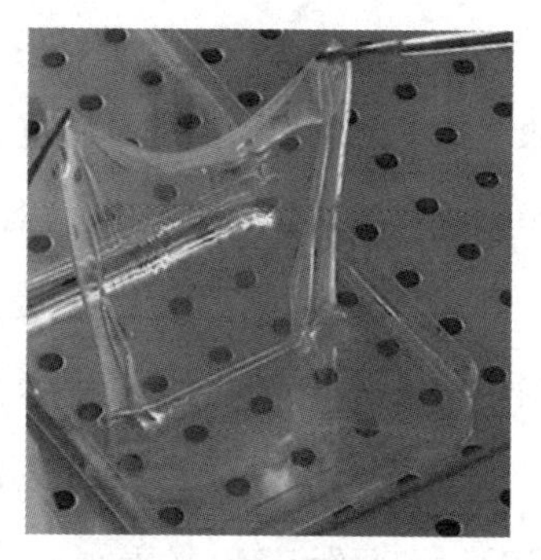
图 6–4 人工皮肤

（3）治疗用具

各种插管、导管（见图 6–5）、引流管、探测管、一次性输血和输液（见图 6–6）器等。

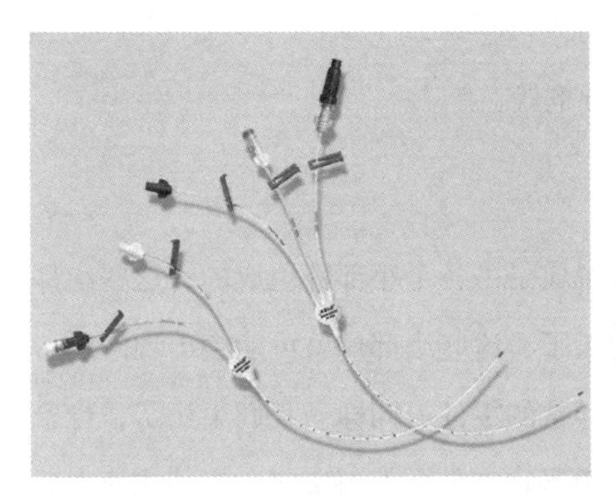

图 6–5 中心静脉导管

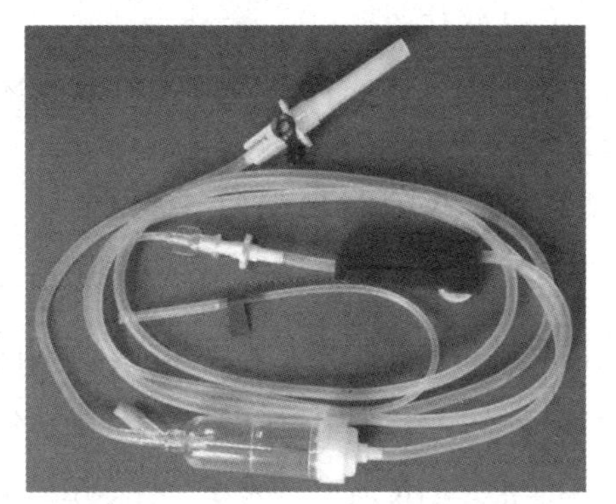

图 6–6 输液器

6.1.2 药用高分子材料

药用高分子材料，指具有生物相容性、经过安全评价且应用于药物制剂的一类高分子辅料。用药要用到正确的地方，在药物表面包覆一层药用高分子材料，可以让一些药物在短时间内免受身体不需要部位的吸收，而是随血液流动到特定区域，当到达身体需要的药物部位后，药物表面的高分子材料恰好溶解到血液中，最终随体液排出，而药物又能够有针对性地治疗病患处。

（1）控制释放药物

具有使药物以最小的剂量在特定部位产生治疗效果、优化药物释放速率以提高疗效，降低毒副作用的优点。控制释放药物常用的有：高分子微胶囊、脂质体、水凝胶、生物降解型缓释药物等，高分子与药物的结合如图 6–7 所示。

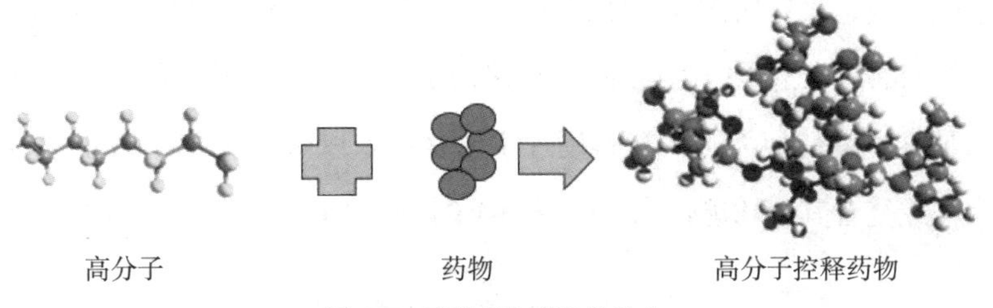

图 6–7 高分子与药物的结合

（2）导向药物

高分子磁性导向、聚半乳糖肝导向、聚磷酸酯肿瘤导向、淀粉微球导向、透明脂酸热导向等导向药物制剂。

（3）治疗药物

降胆敏、降胆宁、克矽平、干扰素诱导剂等。

6.1.3 人造器官高分子材料

人和机器其实很相似，本体都可以理解成是由各个小部件组成的，这些小部件指的是机器的零件和人的器官，运作时间久了，这些小部件就可能会出现问题。当机器异常了，修理工可以方便快捷地更换异常的零件，同样当我们生病了，也希望医生能帮我们更换一个器官。但合法的生物器官来自个人因疾病、意外或死亡后自愿捐献。于是催生了人造器官技术，尽管人体对外物有着强烈的排异反应等问题，但我们的科学家们已经慢慢克服了这些问题，并在一些器官上实现了成功移植，而这些都离不开高分子材料。

（1）人造组织器官

人工血管、人工骨、人工关节、人工玻璃体、义齿、人工肠道等。

（2）人造脏器

人造心脏、人造肺、人造肾脏、人造肝脏、人造血液、假肢和其他人造器官。

6.1.4 医药包装高分子材料

（1）药品铝塑泡罩包装

药品的铝-塑泡罩包装（Press Through Package），简称“PTP包装”，如图6-8所示。PTP包装材料主要包括药用铝箔、塑料硬片等。PTP包装是先将塑料薄片加热后置于模具内，然后向薄片一侧充入压缩空气或抽真空，使薄片形成泡罩，冷却成型后，将药品置入泡罩内，再加以药用铝箔进行热封，形成泡罩包装。

为满足不同的使用需求，塑料硬片主要材料是以医用级PVC及以医用级PVC为基材涂覆或复合其他功能性高分子材料（PVDC、PCTFE、PA、PE等）制成的复合材料。

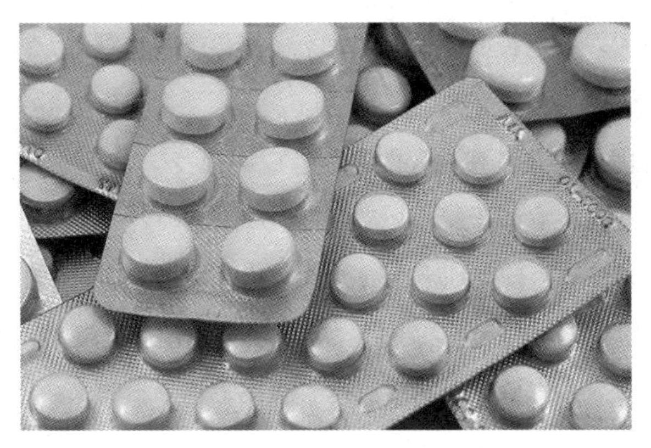
图 6–8 药片铝 – 塑泡罩包装

（2）医用丁基橡胶瓶塞

医用丁基橡胶瓶塞，如图 6–9 所示，其表面覆盖着一种惰性柔软涂层，使其内在洁净度、化学稳定性、气密性、生物性能都很好，并且不会和药物相容，广泛用于口服液、输液、注射液等制剂。

图 6–9 覆膜丁基橡胶瓶塞

（3）预灌封注射器

预灌封注射器（见图 6–10）一般包含：中硼硅玻管、注射针、护帽、胶塞、黏合剂等多种材料。随着新冠疫情对全球的影响，需求急增，预灌封注射器的中硼硅玻璃也面临产能不足的困扰，催生了代替预灌封注射器中硼硅玻管的新型材料——COP/COC（环烯烃聚合物）。

采用预灌封注射器包装疫苗或药物，不需要再配备针管等，拆封后便可用于注射。主要有以下优点：

①减少药物因储存及转移过程的吸附造成的浪费，尤其对于昂贵的生化制剂，具有十分重要的意义。

②避免使用稀释液后反复抽吸，减少二次污染机会。

③采用灌装机定量灌装药液的方式，比医护人员手工抽吸药液更加精确。

④可在注射容器上直接注明药品名称，临床上不易发生差错；如果使用易剥离标签，还有利于保存患者用药信息。

⑤操作简便，临床中比使用安瓿节省一半的时间，适合急诊患者。

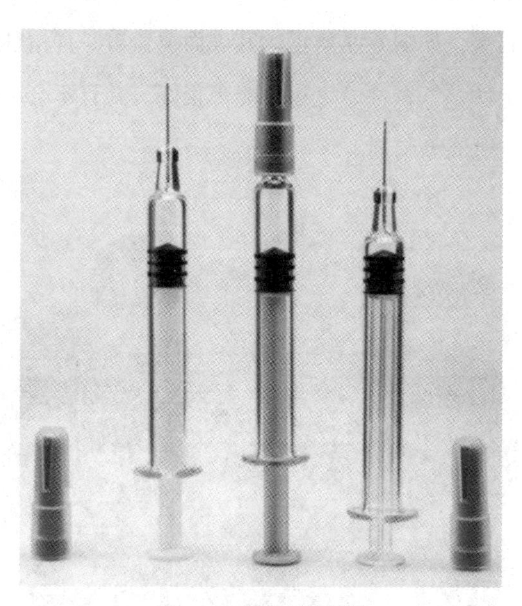

图 6-10　预灌封注射器

6.1.5　个体防护装备高分子材料

个体防护装备（Personal Protection Equipment）简称 PPE，是在特殊环境条件下用于保护人体的一系列装备。这种特殊环境条件通常是恶劣的、有害的，甚至是极端环境。这“一系列装备”包括防护服、头部防护（例如头盔）、眼与面部防护（例如护目镜）、呼吸防护（例如口罩）、听力防护（例如防噪声耳塞）、手部防护（例如防护手套）、足部防护（例如抗菌鞋套）、腰部及关节防护等多种涉及全身和多个关键人体部位的防护装备，视具体环境情况选择局部防护或者全身防护。

（1）医用防护服

医护人员穿着的就是生物防护服中的医用防护服，这类防护服能够隔绝病毒，通常的使用者是医务人员、生物制药和疫苗培养等行业的工作人员。医用防护服的生产有多种材料的应用，SMS结构高性能聚丙烯无纺布、闪蒸高密度聚乙烯无纺布、膜-织物复合材料等都在医用防护服中有所应用。

（2）口罩

医用外科口罩类似“三明治结构”：

① 表层为聚丙烯纺粘无纺布（S层），具有阻断液体的作用。

② 中间层为聚丙烯熔喷无纺布（M层），该层为过滤层，采用熔喷工艺得到的聚丙烯纤维细度极高，直径在2μm左右，其制成的无纺布纤网结构细密，同时带有微弱静电，具有吸附颗粒物的作用，使其无法透过致密的中间层而达到阻隔的作用。

③ 底层为聚丙烯纺粘无纺布（S层），具有亲肤吸湿的作用。

这种多层结构的专业术语为SMS结构。主材聚丙烯纤维简称PP纤维，是纺织材料家族中的传统纤维，其密度小于水的密度，制成的口罩重量很轻，佩戴舒适。

6.2 医用高分子材料的应用

化学合成及生物工艺水平的提升，带动着高分子材料的应用，通过引入可降解高分子材料，设计新型的医疗器械工具，能够有效地完善医疗体系，解决许多临床医学问题。同时，高分子材料具有良好的物理力学性能，且可以达到耐受灭菌的效果。在医疗器械制备过程中，可以加工成各种形态的成品，造价成本低，重金属含量少，不会引起材料表面钙化。在实际应用中，需要按照临床需求，有选择性地融入。

6.2.1 在心血管冠脉支架的应用

传统式的心血管冠脉支架主要采用的是金属性的不可降解材料，不适用于大范围应用。而高分子可降解材料的出现，将彻底打破这一局面，这也是冠脉支架自主研发的热点，是医疗器械制备的重要举措。目前，生物可吸收冠脉支架已经正式投入市场，可以为人体的各个部位提供有效支撑，提高血管的流通速度。如果支架安置在人体部位中，等完全吸收后，会自动分解，被吸收或者排出体外。另外，医护工作者则需要检测靶血管内是否有残渣物和异物残留，进而判断血管的疏通效果，也为后期的干预治疗提供条件。这种支架结构的原材料分别是可吸收材料左旋聚乳酸（PLLA）和外消旋聚乳酸（PDLLA）制成，能够长时间留存在身体内，其中 PLLA 是市场上最普遍的可降解高分子材料，便于人体吸收，周期大概在 2~12 个月，经过一系列的降解，形成了二氧化碳和水。现在的临床研究表明，可吸收冠脉支架的植入有可能会引起心脏问题，但是会逐渐地适应，从而取得良好的成效。

6.2.2 药用高分子应用

目前，有三种控制释放体系可实现以上目的，分别是“缓释药物”“靶向药物”和“智能药物”。“缓释药物”已经大量应用，“靶向药物”和“智能药物”还在发展中。

（1）缓释药物

①使药物以最小的剂量在特定部位产生治疗效应。

②优化药物释放速率以提高疗效，降低毒副作用，如图 6–11 所示。

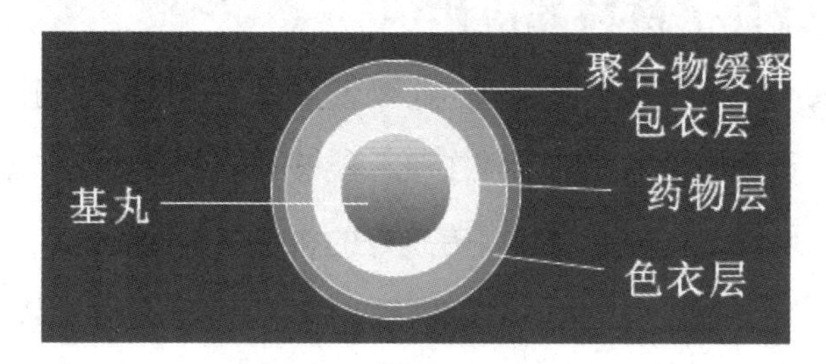

图 6–11 一种缓释药物的结构

（2）靶向药物

利用抗体的专一性作用，将抗体结合在高分子载体上，可以实现药物的靶向作用。靶向药物释放体系一般用于毒副作用强的药物，例如抗肿瘤药物等，如图 6–12 所示。

图 6-12　靶向药物

（3）智能药物

根据患者自己内部病理信号大小控制药物释放速度，信号可以是糖、激素和电解质等物质；或通过外部磁、光、电、超声控制药物释放速度，如图 6-13 所示。

图 6-13　智能药物

6.2.3　医用胶管类应用

热塑性聚氨酯弹性体具有优异的机械强度、柔韧性、耐磨性以及生物相容性，可用于各种医用胶管管材，如输液管、导液管、导尿管。

无毒的软质聚氯乙烯大量应用于医用胶管，采用医用级聚氯乙烯管时，必须使用无毒的稳定剂和增塑剂。而采用热塑性聚氨酯弹性体和软质聚氯乙烯共混树脂，可制成各种医用特殊输液和输血装置，用聚氨酯弹性体制作的双压胶管的内胶层，能防止聚氯乙烯中增塑剂向溶液中迁移。

聚氨酯材料还能制造胃镜软管。胃镜软管是光学纤维胃镜的重要配件之一。要求其具有足够的柔软性、弹性、无毒；另外在制作工艺上要求管径均匀无弯曲变形，对管子表面的光洁度也有很高的要求，现在采用热塑性的聚氨酯弹性体，挤出成型制作胃镜软管，工艺简单，加工方便，柔软性和弹性都较好，符合医用要求，国外已普遍采用。20 世纪 80 年代初北京市塑料研究所曾采用 TPU 挤塑成型制造胃镜

软管。山西省化工研究所1992年研制成功了用于气管切开患者的聚氨酯气管套管，由圆弧形内外套管等组成，较金属套管舒适，柔韧性好，可用常规方法灭菌。

6.2.4 假肢的应用

采用共聚醚型聚氨酯-脲弹性体或聚醚型聚氨酯制作的人体假肢，和人体组织有很好的相容性。聚酯-MDI发泡所制得的聚氨酯泡沫弹性体可制作假脚。水发泡聚氨酯弹性体可制作假肢护套，其表面模仿人的真正皮肤，很容易洗涤，这种护套有很好的物理和机械性能。特别是在耐磨性能方面超过乳胶护套。上肢肢体采用聚醚多元醇和TDI一步法制成微孔弹性体，而要求耐磨及耐屈挠的手掌和手指部分以聚酯多元醇和MDI为主要原料采用半预聚法制备，如图6-14所示。用聚氨酯材料替代原来包覆PVC的乳胶手套材料，消除了电动假手的大部分噪声，并可以省电。

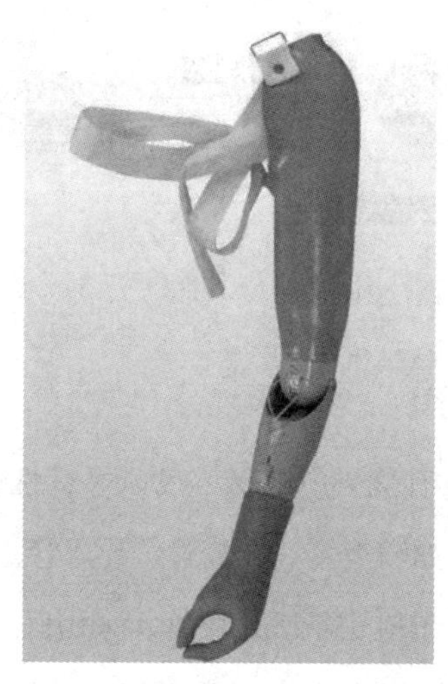

图6-14 假肢

6.2.5 医用人造皮

采用弹性较好的聚氨酯软泡沫可制作人造皮。聚氨酯人造皮的优点是透气性好，能促使表皮加速生长，可防止伤口水分和无机盐的流失，以及阻止外界细菌进入，可防止感染。一种聚氨酯人造皮是用两种泡孔不同的厚度为0.5~0.6mm软质聚氨酯薄片，通过特殊技术层压而成。孔径小的一片与外界空气接触，孔径大的一片与伤口创面接触。聚氨酯人造皮可适用于三度烧伤病人，在治疗过程中，先将烧坏的表皮剪去，然后盖上聚氨酯人造皮。这种聚氨酯人造皮在制造后用钴－60照射杀菌或蒸汽消毒，密封在纸塑复合袋中可长期保存。

6.2.6　弹性绷带

骨折病人一般用石膏固定，但石膏质重、强度低、透气性差，特别在夏天，病人感到不舒服，而且石膏的透X射线能力差，固定后也不便检查复位情况。国内外研究人员致力于更理想的合成材料矫形材料的研究，其中用聚氨酯材料制作的绷带，操作简便、使用卫生、固化速度快、质轻层薄、坚而韧，不易使皮肤发炎，是一种较为理想的新型矫形材料，如图6–15所示。天津大学应用化学系在1980年前后曾研制聚氨酯绷带，由聚氨酯预聚体与溶剂、适量催化剂配成绷带涂布原液，并涂布于干燥的织物上，即制得聚氨酯绷带。使用时将绷带浸入水中30s后取出缠绕在需要固定的绷带部位，由于预聚体与水反应进行扩链和交联，固化成型。调节催化剂用量可使固化定型在10~15min内完成。这种矫形绷带的重量只有石膏绷带的约1/3；抗压强度可达6~8MPa，而石膏绷带仅为2~3MPa；在2MPa压力下只发生弹性形变，而石膏绷带在2MPa压力下会发生永久形变。该单位还研制了光固化的聚氨酯－丙烯酸酯绷带材料。还有一种制弹性绷带的方法是采用双组分聚氨酯体系及纱布等，将其包裹在骨折部位，在室温下短时间内反应固化成型，形成透气的泡沫材料。山西省化工研究所也研制成功了聚氨酯弹性绷带，通过了技术鉴定。

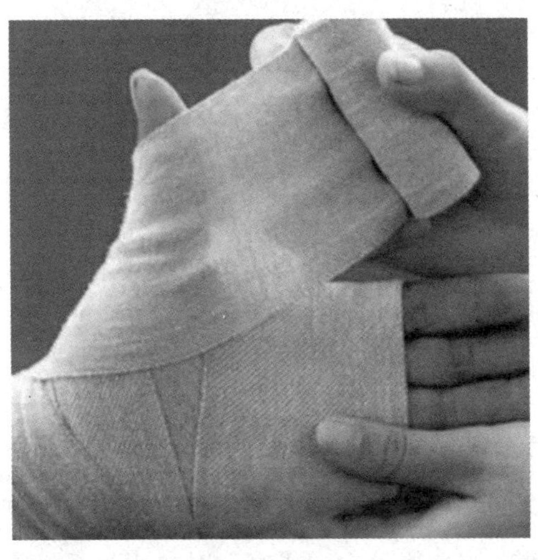

图6–15　绷带

6.2.7 海藻酸盐材料在生物医用领域的应用

（1）伤口敷料

传统敷料在使用时存在易感染、发炎、粘连伤口、透气性能差、功能单一、揭除时易粘连造成二次伤害等缺点。海藻酸盐纤维用于制造伤口敷料可以改善上述情况，一般将海藻酸盐与其他具有抗菌促愈活性的高分子材料复合使用，如含银海藻酸盐敷料、含明胶海藻酸盐敷料、含壳聚糖海藻酸盐敷料、含中西药海藻酸盐敷料、微胶囊海藻酸盐敷料、载药海藻酸盐敷料。张传杰等以海藻酸钠为原料，采用冷冻干燥法制备出一种孔隙结构均匀、连通，弹性和柔韧性好的海藻酸钙伤口敷料，如图 6-16 所示。徐海涛等以海藻酸钠和聚乙烯醇为原料，以磷酸锆钠银为抗菌剂，利用静电纺丝技术制备出载银复合纳米纤维膜敷料，具有很好的力学性能以及抗菌效果，且细胞毒性较低，对大肠杆菌的抑菌率为 99.98%。目前可生物降解材料在敷料上的应用越来越广泛，针对不同的伤口选择不同类型的海藻酸盐敷料，可以改善创伤口局部血液循环、促进肌肉细胞的新陈代谢，达到消炎抗菌、快速愈合、消肿止痛、预防疤痕增生等多重功效，同时降低病人治疗所需的时间和医疗成本。

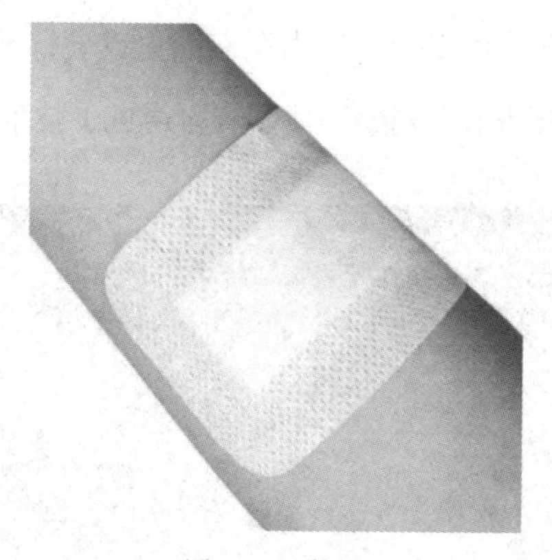

图 6-16　敷料

（2）止血愈合材料

海藻酸盐分子链上含有大量的羧基基团与血液中 Na^+ 反应，形成海藻酸钠分子内部“钻石样”空间结构，大量吸收血液中水分，提升血液浓度、黏度，减慢创面伤口血液流速，改变血液电离平衡，对血小板活性有激化作用和凝血效应，从而加速止血进程，促进伤口愈合，因此海藻酸盐纤维也被用在止血材料上。MATTHEWIR 等通过测试表明，与普通手术纱布相比，使用海藻酸盐纤维敷料 5min 时，浅层伤口中残留的出血点数量显著减少。HUZ 等以羧甲基壳聚糖和海藻酸钠为原料，用 $CaCl_2$ 作交联剂制备出复合止血材料，并对其外观、吸水性、孔隙率和体外止血等进行评估，结果表明其可应用在伤口上。舒华金等采用静电纺丝技术制备出一种海藻酸钠包覆纳米二氧化硅的三维支架，具有高度疏松的多孔结构，快速吸水膨胀，浸水 10s，体积膨胀到原来的 219%，细胞相容性好，能在 10s 内完成止血，与医用纱布相比，出血量显著减少。

（3）组织工程支架材料

海藻酸盐材料具有生物安全性、细胞亲和性、可降解性以及能够提供细胞识别位点等功能特性，由其构成的组织工程支架逐步被应用在医疗领域中。研究表明将海藻酸盐材料和金属离子制成凝胶状、膜状、微胶囊，或者和某些亲水性的高分子相结合，可以获得符合要求的生物医用材料。该支架孔径大、孔隙率高，与人体组织连接性好，有助于促进和增强人骨髓间充质干细胞的生长、分化以及营养物质的交换。

6.2.8 骨科 3D 打印应用

目前我国食品药品监督管理总局已经批准了使用 3D 打印技术制造骨科内植物，但其提供的可供选择的型号较少，只有有限的几种，这显然无法满足现有病损复杂的患者要求。近年来，由于 3D 打印技术的不断发展进步，已经可以达到按照患者的实际病情以及在治疗过程中的特殊需求去制定合适的内植物，这可以对骨缺损和修复方面提供一种更加行之有效的手段，这也可以说是 3D 打印技术在骨科领域中最有前景的使用方向。

附 1　扫一扫 · 发现更多精彩

（1）微课——医用高分子的定义和分类

（2）微课——医用高分子常用材料

（3）微课——高分子材料做控释药物

（4）微电影——筑梦

附 2　参考文献

［1］汪晓鹏．简述医用高分子材料的发展与应用［J］．西部皮革，2020，42（17）：3．

［2］攻克“卡脖子”技术！燕山石化 – 清华大学医用膜材料联合研究中心揭牌［J］．橡塑技术与装备．2021，47（14）：2．

［3］王鹏飞，张林杰．高分子材料在医疗器械中的应用研究［J］．当代化工研究，2020，（18）：102–103．

［4］刘益军，王保志．聚氨酯弹性体在医疗制品上的应用［J］．化工新型材料，1999，（9）：7–10．

［5］陈芳友．应用于假肢的聚氨酯微孔材料［J］．聚氨酯工业．1990，（3）：32–35，45．

［6］孙多先．医用聚氨酯的应用［J］．聚氨酯工业．1985，（03）．

［7］宋丹青，魏亮，孙润军，等．海藻酸盐纤维在生物医用领域的研究进展［J］．棉纺织技术，2021，49（4）：74–79．

［8］秦立宁，许娜，董静，等．基于骨科护理应用发展的新型材料研究［J］．合成材料老化与应用．2021，50（3）：3．

第七讲　高分子与“美”

本讲中的“美”，准确来说应该是“艺术”。艺术源于生活，却又高于生活。歌德曾经说过：“出特征的艺术才是唯一真实的艺术。”艺术的特征就在于材料的运用，二者缺一不可。艺术有其美态，材料亦有其美态。艺术用它的形式诠释着材料的用途和性能，材料用它的形式辅助艺术达到完美的真实。艺术缺少了材料，失其理念，失其外观。材料缺少了艺术，失其价值，失其诠释。生活中高分子材料与艺术的结合一般体现在以下两方面：一是使用高分子材料进行艺术作品的原始创作；二是使用高分子材料对艺术作品进行保护、修复。

7.1　身怀绝技的环氧树脂

环氧树脂是泛指分子中含有两个或两个以上环氧基团（—CH（O）CH—）的高分子化合物。环氧树脂的分子结构是以分子链中含有活泼的环氧基团为其特征，环氧基团可以位于分子链的末端、中间或呈环状结构。这些环氧基团能和固化剂发生反应。正因如此，它身怀绝技，在艺术品界几乎都可以见到它的身影。

7.1.1　绝技之一：结合性

环氧树脂分子结构中含有活泼的环氧基团（—CH（O）CH—）。这些环氧基团可以和固化剂分子发生交联反应而形成一种具有三维网状的结构，正是这个结构，令环氧树脂的物理性能发生了质的改变，所以环氧树脂的粘接性能非常强。而且它对金属、木材、石材等的表面都具有非常好的粘接效果，也就是说环氧树脂几乎可以与任何材料粘接结合，所以环氧树脂也被称为“万能胶”。

7.1.2　绝技之二：透明性

环氧树脂的透明性跟使用的环氧树脂牌号和固化剂的品种有很大的关系。环氧

树脂工艺品也被叫作水晶滴胶，它固化后就像水晶一样透明，用肉眼看饰品里的物体都可以清晰可见，所以它也素有“人造水晶”之称。把它作为制作工艺品的材料，它能够产生一种晶莹剔透的效果，所以它很适合用来制作工艺品。

7.1.3 绝技之三：可设计性强

环氧树脂的可设计性强主要体现在以下三点：

第一点就是它能结合各类材质的素材，可以加入干花、果实、颜料、木头、石头、照片等，瞬间化腐朽为神奇。

第二点是它具有良好的流动性。它可以在任何形状的模具里固化，模具也可以通过 3D 打印，再翻模来制作。模具的材质一般是硅胶，它可以被设计成任何形状，液体的环氧树脂倒入模具当中固化之后就是被设计的样子。这些模具和素材都可以由制作者自行设计和添加，所以每一件作品在这个世界上都是绝无仅有的。

第三点是固化后可以进行后加工。固化之后的工艺品也并非是一成不变的东西，我们也可以把胚件像玉石一样进行切割、雕刻、打磨和抛光，最终变成我们想要的样子。

7.1.4 环氧树脂类工艺品

由上可见环氧树脂是一种造型能力极强、表现细腻、特征极好的一类工艺造型材料，它已被广泛运用于工艺品、家居装饰品、花园产品等的生产制作中，如图 7–1 所示。随着人们对制作工艺要求的不断提高，环氧树脂工艺品也在不断的创新。

图 7–1 环氧树脂工艺品

生活中处处可见的各种树脂（尤其是透明类）装饰品，多数为环氧树脂制作。因其制作工艺较简单，制作成本较低，更重要的是可应用多元化的样式，使得装饰品、文化工艺品变得更多样化、个性化、时尚化，因此受到人们的青睐。

7.2 纤维材料在现代艺术装饰中的应用

7.2.1 纤维材料与现代装饰艺术的关系

随着我国社会经济的不断发展，人们的物质生活与精神生活也不断丰富。一方面，物质生活的丰富给人们带来了更多的精神选择和精神体验。另一方面，随着人们精神生活的不断丰富，接触得越多，对精神生活的向往和需求也日益多元化，这也在客观上带动了物质生活的发展。其中，现代装饰艺术便是二者相互结合的一大体现，并且它在不断发展的过程中，也已经形成了一套科学的模式，通过对材料的应用来展现不同的设计风格，给予人们不同的体验，达到现代装饰艺术的展现目标。在此过程中，纤维材料因为其本身具备的温暖、柔和、亲切等特性，受到了更多人的青睐和认可，目前正广泛应用于现代装饰艺术中。改革开放以后，我国的社会经济进入了一个高速发展的阶段，很多新鲜的事物进入人们的生活中，也在客观上丰富了人们的物质生活和精神生活。但同时经济发展带来的快节奏生活也将每一个人置于高压的环境下。基于此，人们大都希望在工作之余，能够得到精神上的放松，让自己的生活节奏慢下来。在现代人生活的过程中，建筑环境是必不可少的。但建筑环境的组成则是由钢筋混凝土围成的空间，在此空间下往往会加剧人们的紧张感，以及带来建筑本身所拥有的冷漠感。基于此，现代装饰艺术的作用便在于对其进行调节，转变人们的生活环境，放松人们高度紧张的精神，带给人们精神上的舒适和享受。那么从纤维材料应用于现代装饰艺术的实际情况来看，纤维材料本身便具有温暖、柔和与亲切的特点，能够很好地中和建筑空间的紧张感、冷漠感和压迫感，将建筑空间变成一个温暖的家，实现人们对放松和舒适的渴望。

7.2.2 纤维材料在现代装饰艺术中的审美特性

现代装饰艺术可以理解为创作者的艺术作品，而挥洒出作品的重要工具，便是其材料和工艺。在纤维材料应用于现代装饰艺术的过程中，由于纤维材料本身具备的特点、优势和可塑性，能够通过设计师的不同搭配呈现出不同的艺术观感，给予人们不同的体验，切实丰富人们的精神世界和审美。目前，伴随着纤维的发展，人们对纤维的定义和理解也发生了转变，传统的纤维主要指材料方面的纤维，包括棉、毛、麻等材料。而当前的纤维则更多是一种状态和风格的代名词，已经打破了材料的限制，即便是金属材料、塑胶材料，也可以理解为纤维。因此，伴随着纤维内涵的不断丰富，也给予了纤维在现代装饰艺术中应用更多的可能性，同时也赋予了人们更为丰富的精神体验、视觉体验、审美体验和接触体验。相信在今后的发展中，纤维也会再一次被丰富，再一次展现它的包容性，呈现出更多的内容和思想。

7.2.3 纤维材料在现代装饰艺术中的应用

（1）壁画形态纤维艺术的产生

在纤维材料与现代装饰艺术融合的过程中，首先反映的便是壁画形态。纤维材料与壁画艺术的结合，给予了壁画更具层次感的审美。同时纤维材料本身所具备的特性，也给予了壁画不同的肌理效果，使壁画的艺术性、审美性、塑造性和内容丰富性等方面都得到了强化。目前，纤维材料已经成为壁画中的主要材料，纤维感也成为了壁画中的主要形式，如图 7–2 所示。

图 7–2　纤维材质壁画

（2）纤维材料重塑室内建筑空间环境

例如在图书馆的设计中，如图 7–3 所示，通过悬挂纤维材料的壁挂，便能够突显出图书馆空间的大气感和磅礴感，也避免了空间的空洞，给予了空间强大的生命力和张力，具有十分重要的现实意义。

图 7–3　纤维材料重塑室内环境

7.3　涂料与艺术之美

7.3.1　涂料的艺术性

涂料中的艺术涂料又被称为“墙艺漆”，是一种高装饰性建筑涂料，一般由水性丙烯酸树脂、无机矿物色粉及无机超细云母砂粉所组成。艺术涂料是一种新型的墙面装饰材料，具有色彩丰富、图案美观、质感特殊及个性化功能，最早起源于欧洲，可追溯到已知人类早期的壁画、漆网和各种染色的装饰物品等。艺术涂料与传统涂料之间最大的区别在于，传统涂料所能营造出来的效果相对较单一，而艺术涂料可通过个性化定制，选用专属配色、花纹，打造丰富的表现效果，能迎合各种装饰风格，不仅可以呈现出统一的家居美感，而且在细节装饰上也更加出众，如图 7–4 所示。现在随着材料科学、色彩科学以及现代高科技处理工艺不断发展进步，艺术涂料也迎来了发展的春天。

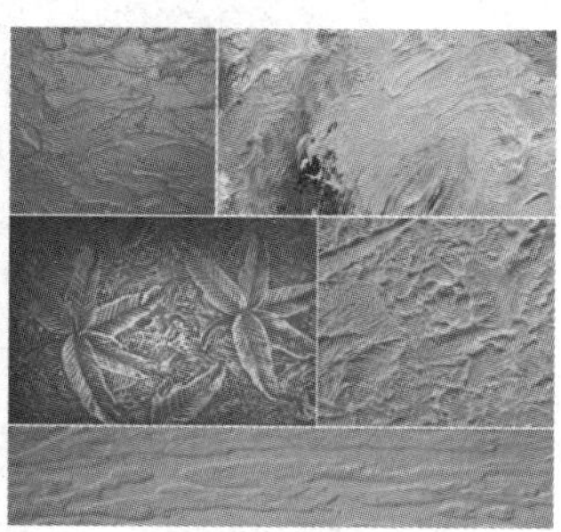

图 7–4　艺术涂料效果图例

7.3.2　艺术涂料的种类

（1）威尼斯灰泥涂料系列

威尼斯灰泥涂料起源于欧洲，盛行于欧美、日本、马来西亚各地区和国家，后传入中国，威尼斯灰泥被越来越多地运用到各式高档装饰装修中。威尼斯灰泥是一类由丙烯酸乳液、天然石灰岩、无机矿土、超细硬质矿粉等混合的浆状涂料。它是通过各类批刮工具在墙面上批刮操作，产生各类纹理的一种涂料，其艺术效果明显，质地和手感滑润，是比较流行的一类薄浆艺术涂料的代表，如图 7–5 所示。

图 7–5　威尼斯灰泥涂料效果图例

（2）仿大理石涂料系列

仿大理石涂料具有天然大理石的质感、光泽和纹理，逼真度可与天然大理石相媲美，对特定造型（如：圆柱）的饰面，如图 7–6 所示，效果尤佳，可以模仿天然大理石的颜色及纹理。用于各种线条、门套线条、家具线条的饰面以及各种商业、娱乐、餐厅、宾馆等场所的墙面装饰。

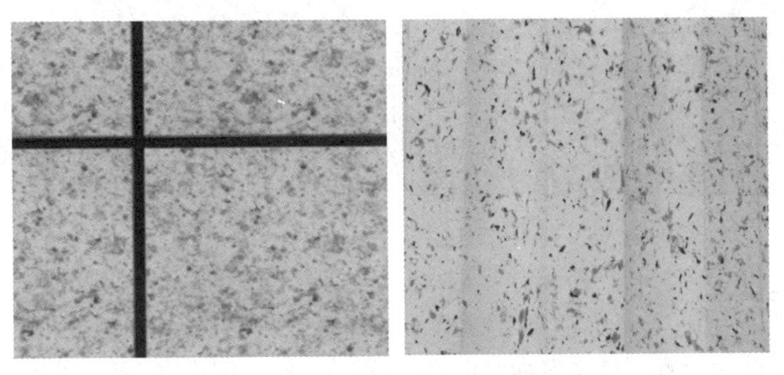

图 7–6　仿大理石涂料效果图例

（3）板岩涂料系列

板岩涂料采用其独特材料，其色彩鲜明，具有板岩石的质感，可任意创作艺术造型，如图 7–7 所示。通过艺术施工的手法，呈现各类自然岩石的装饰效果，具有天然石材的表现力，同时又具有保温、降噪的特性。

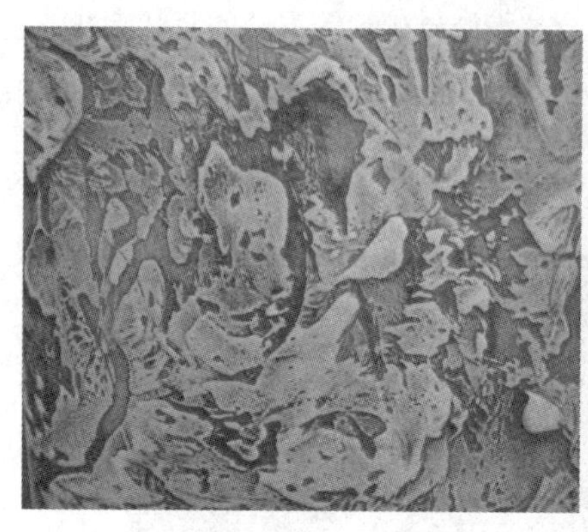 

图 7–7　板岩涂料效果图例

（4）壁纸涂料系列

壁纸涂料也称为液体壁纸或印花涂料，属于一种新型内墙装饰水性涂料，该产品填补了墙面单色无图的缺陷，有着比墙纸质量更好、价钱更低的优点，如图 7–8 所示。这种产品绿色环保，施工过程中通过产品专用施工模具，使用独特的施工手法和工艺，使其达到真正的无缝连接。

图 7–8　壁纸涂料效果图例

（5）浮雕涂料系列

浮雕涂料是一种立体质感逼真的彩色墙面涂装艺术质感涂料，装饰后的墙面有酷似浮雕般的观感效果，所以称之为浮雕漆，如图 7–9 所示。浮雕漆不仅是一种全新的装饰艺术涂料，更是装潢艺术的完美表现。

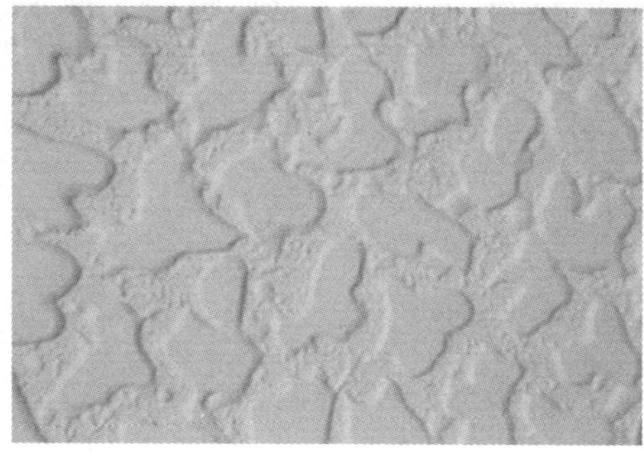

图 7-9　浮雕涂料效果图例

（6）幻影涂料系列

幻影涂料实如其名，能使墙面变的如影如幻，如图 7-10 所示。它能装饰出上千种不同色彩、不同风格的变幻图案效果（或清素淡雅或热烈奔放），其独特的优异品质又融合了古典主义与现代神韵，漆膜细腻平滑，质感如锦似缎、错落有致、高雅自然。

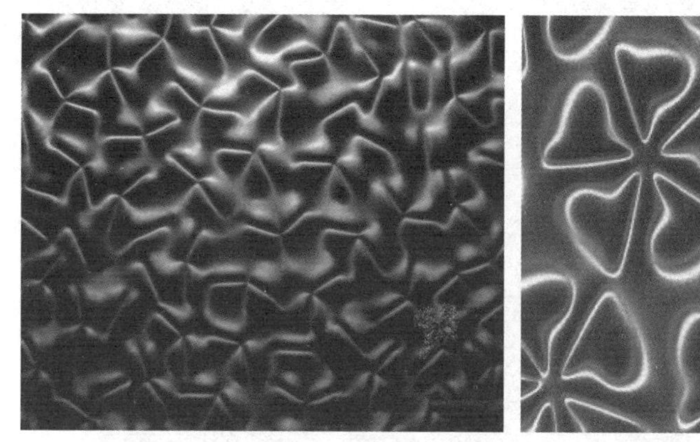
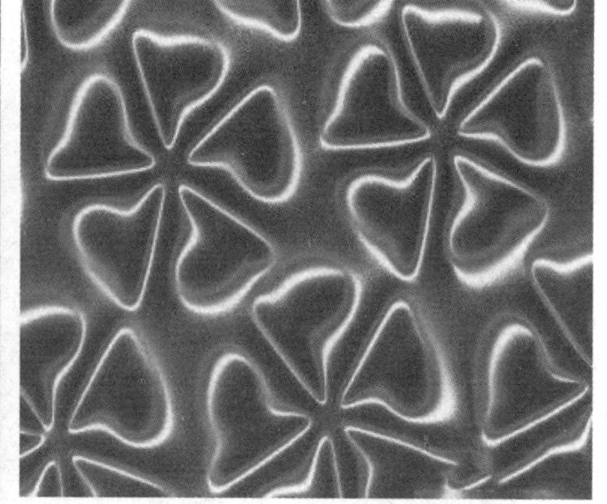

图 7-10　幻影涂料效果图例

（7）纹理涂料系列

通过专用漆刷和特别工艺，能在墙面制造出各种纹理效果的特种水性涂料，如图 7-11 所示，具有纹理自然、风格各异、色彩多变、漆膜细腻平滑、质感如锦似缎、错落有致、高雅自然、涂刷面大、附加值高等优点，如图 7-11 所示。

图 7-11　纹理涂料效果图例

（8）金属涂料系列

金属涂料是由高分子乳液、纳米金属光材料、纳米助剂等优质原材料采用高科技生产技术合成的新产品，适合于各种内外场合的装修，具有金属闪闪发光的效果，给人一种金碧辉煌的感觉，如图 7-12 所示。

图 7-12　金属涂料效果图例

（9）裂纹涂料系列

裂纹涂料的格调，高贵、浪漫且极具艺术韵涵。裂纹涂料裂纹变化多端、错落有致，具艺术立体美感，如图 7-13 所示。用裂纹漆装饰后的产品，就像穿上不同图案的漂亮衣服一样，令产品花色品种增多，价值提高。

图 7–13 裂纹涂料效果图例

（10）砂岩涂料系列

砂岩涂料是以天然骨材、大理石粉与特殊耐候性佳、密着性强、耐碱性材料结合而成的特殊耐候性防水涂料，如图 7–14 所示。该类涂料可以配合建筑物不同造型需求，在平面、圆柱、线板或雕刻板上，创造出各种砂壁状的质感，满足设计上的美观需求，同时满足亲近自然的欲望。

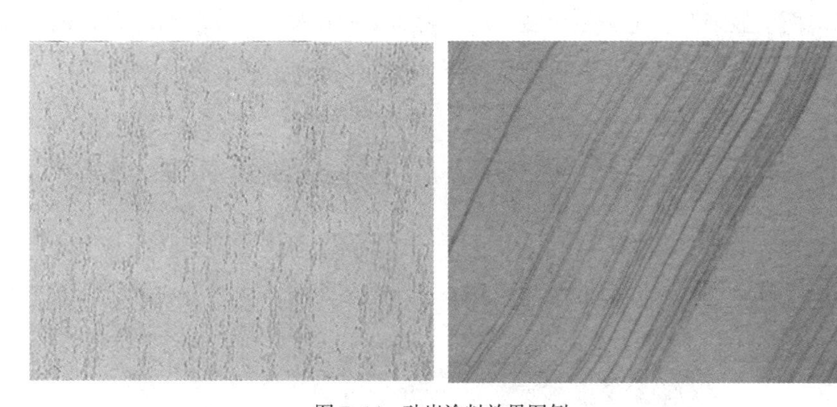

图 7–14 砂岩涂料效果图例

（11）云丝涂料系列

云丝涂料是指通过专用喷枪和特别技法，使墙面产生点状、丝状和纹理图案的仿金属水性涂料，如图 7–15 所示。云丝涂料具有质感华丽、丝缎效果、金属光泽的特点，让单调的墙体布满了立体感和流动感，永不开裂、起泡。既适合与其他墙体装饰材料配合使用和个性形象墙的局部点缀，还具有自身产品种类之间相互配合应用的特性。

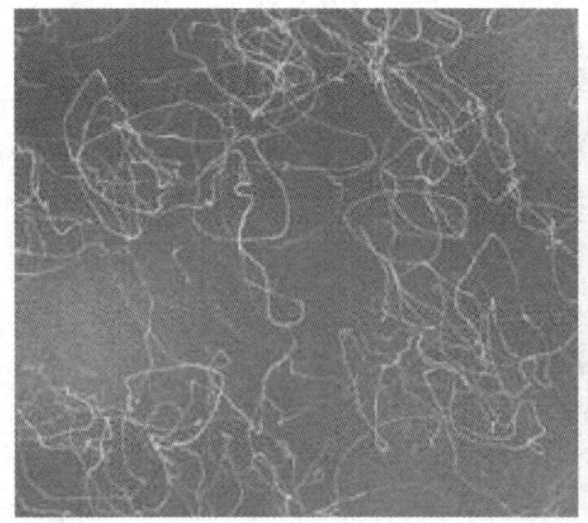
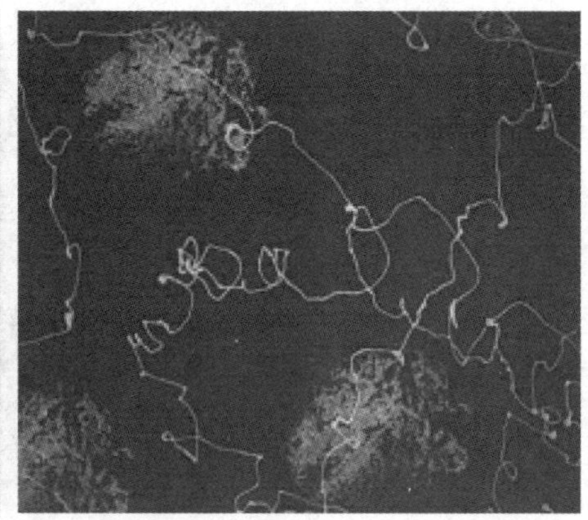

图 7-15　云丝涂料效果图例

7.3.3　艺术涂料在现代家居中的应用

艺术涂料的装饰效果变化性强，既可以迎合不同消费者的个人要求，为消费者量身定制符合其要求的专属配色、花纹，打造不同的表现效果，又可以完美融合在中式、新中式、欧式、简欧、美式、美式田园、法式、现代简约等多种风格的装饰空间之中而不显突兀，是满足个性化消费者需要的首选。艺术涂料在进入国内市场之后以其新奇别致的装饰效果和表现形式，受到一部分消费者的喜爱和认可。

（1）艺术涂料在室内的应用

艺术涂料材料品种丰富，工艺变换多样，适用范围广。在进行家居设计时，艺术涂料可以小面积用于电视墙、门庭、玄关等地方，如图 7-16 所示，采取多层涂刷上色法使其呈现丰富的图形样式做装饰之用，如肌理漆、威尼斯灰泥等类型的艺

图 7-16　艺术涂料在室内应用图例

术涂料。此类系列涂料具有一定的肌理性，艺术表现形式强，效果明显，花型自然、随机性大，能够适应不同风格的要求，最大限度地满足消费者不同个性化的追求。特别适合应用于各种形象墙、电视背景墙、吧台、各种柱状结构、吊顶、石膏艺术造型等的内墙装饰。艺术涂料尤其突出的地方是其易施工、灵活性强的特点在不规则形状施工中更具优势，可配合设计做出各种各样的特殊造型、配色与花纹。艺术涂料也可以大面积运用在室内设计、建筑设计中的墙面、顶面、石膏线、地下室、卫生间等所有内外墙。

（2）艺术涂料在天花板中的应用

在家装设计中，天花板的选择一般以浅色为佳，因住宅大多天花板不高，浅色可以产生提高楼层高度的作用，视觉上给人高天花板的感觉。而在各种公共场所，如餐厅、酒店大堂、商场等场所的吊顶装饰上，大多选用对比强烈的色彩。常用于天花板吊顶的艺术涂料以肌理漆、幻影、优彩系列居多，如图 7–17 所示。此类材料即可淡雅清新又可强烈奔放，能使墙面展现出如影如幻的装饰效果，灵活性强。可适应不同的装饰风格，不同角度所表现出的效果都不尽相同。

图 7–17　艺术涂料在天花板的应用

（3）艺术涂料在阳台的应用

阳台大多经受日晒时间较长，半开放式露天阳台更是要经受室外风吹日晒雨淋，因此需要耐候性好、抗紫外线照射的抗照性更高的系列涂料，如砂岩漆、板岩漆系列等类型。这种类型的涂料最终表现的质感、所呈现的效果几乎可以乱真，它们耐腐蚀抗造性强、纹理流畅，与瓷砖相比成本低，且杜绝了使用时间长产生的缝隙、变色、脱落，与乳胶漆相比，选择空间更多又有丰富的表达效果，如图 7–18 所示。可以按照各类建筑物的造型需要，在墙面、立柱或石膏板上制作出形似各种石材、砂壁状的质感，满足设计上的整体造型需求。

图 7–18　艺术涂料在阳台的应用

（4）艺术涂料在卫生间的应用

艺术涂料大部分防水性都比较好，耐擦洗性强，因此适合应用于卫生间的美化装饰中。在卫生间的日常清理时，可以直接用湿毛巾擦洗，不需要特殊的护理工具，清洁十分简单，方便打理，色彩保持度强。艺术涂料可应用于卫生间洗脸池周边墙面，如图 7–19 所示，也可用在地下室、厨房。把艺术涂料应用于室内设计中，大大丰富了室内空间的表达形式和装饰效果，为材料市场注入了新鲜活力，充分给予了新产品辽阔的应用前景。

图 7-19 艺术涂料在卫生间的应用

7.4 高分子材料与文物修复

文物受损起源于其材料的劣化变质，保护文物的实质是保护材料，文物保护的要求是修旧如旧，所使用的保护材料与其他工业领域的材料有一定的差异，对性能的要求有自己的原则，它应与文物的相容性好，不会造成任何物理或化学的破坏，不改变文物的外貌，并具有易清除的可逆性。例如在处理青铜文物时，要求不损害原器物上的考古信息、铭文、图案花纹以及外观色彩和光泽，不应该产生光亮的表面，把保护方法的科学性和艺术品的原始性有机地结合在一起。因此越来越多的有机高分子材料，如清洗剂、加固剂、封护剂、黏结剂等用作文物保护材料，以改善文物的腐烂现状和延长文物的保存寿命，而且也有利于人们选择适宜的文物存放环境，其意义重大，选择性能优异的保护材料对文物实施保护已经刻不容缓。

7.4.1 高分子材料在文物保护中的“角色”

文物保护中涉及的合成高分子材料主要是利用现代技术和现代材料对已经风化的、有损的文物进行保护研究时所使用的材料。使用较多的包括环氧树脂类、有机硅类、聚氨酯类、丙烯酸树脂类、聚醋酸乙烯酯类以及改性复合材料等。主要有以下几个方面：

（1）文物加固剂

由于彩陶、壁画的褪色剥落，古建筑的糟朽，铁器、青铜器的锈蚀，遗址、石刻、石窟的风化，使许多文物珍品变得酥脆、糟朽、失去原貌，有的甚至濒临毁灭。因此，

需要进行加固处理。文物加固剂属有机加固材料，主要分为以下几类：

① 环氧树脂。由于环氧树脂结构中含有苯环、醚键，因而抗化学溶剂能力强，不论对酸、碱、有机溶剂都有一定抵抗力。同时含有羟基、醚键、氨基及其他极性基团，对岩石的黏合力高。环氧树脂是我国使用最广泛的加固材料。

② 丙烯酸树脂。由于具有良好的化学稳定性、耐热性、耐候性等特点而被广泛使用。近年来，在世界范围内，丙烯酸酯和甲基丙烯酸酯共聚物材料十分流行，它还广泛用于壁画、彩绘类文物的保护。

③ 有机硅树脂。有机硅树脂的渗透性、憎水性和耐侯性相对较好，所以不仅具有加固作用，同时具有防水性能。

④ 聚醋酸乙烯酯。聚醋酸乙烯酯是由醋酸乙烯单体采用过氧化物或偶氮二异丁作引发剂，通过本体、乳液或溶液聚合等方法制得的，聚合度在500~5500。它具有使用方便、价格低廉、机械稳定性好、黏度可自由调节等优点而被广泛应用，是目前陶器和壁画加固材料中使用最多的一种。

⑤ 有机氟材料。氟树脂的优异性能是因为氟原子密集地包围着C—C主键，形成一个螺旋结构，保护了碳键不被冲击，不被化学介质破坏。这种结构特点使氟树脂具有良好的附着力和超越的耐候性。氟树脂在一些世界著名建筑如美国白宫、联合国大厦及一些具有艺术风格的建筑上被应用。

⑥ 聚氨酯树脂。在聚氨酯树脂的物质结构中，具有强极性的氨基甲酸基团和具有反应性的N—H键，因而它在固化过程中既能形成线型的高分子又能形成三维结构热固性高分子物质，同时在固化过程中也可以控制立体偶联网状连结的量、聚氨酯树脂固化后形成的高分子膜或块。聚氨酯树脂有如下优点即其具有高的强度、耐磨性和耐化学腐蚀性及良好的黏结能力；缺点主要是耐候性和耐热性较差。

（2）文物黏合剂

黏合剂又称胶黏剂、黏接剂、黏结剂及黏着剂等，可把两个相同的或不同的固体材料接连在一起，用于破碎文物的黏接。一般可分为三类：

热塑性树脂黏合剂。主要有醋酸乙烯系、聚乙烯醇系、聚乙烯醇缩醛系、氯乙烯系、丙烯酸系、聚氨酯系、聚酰胺系等。

热固性树脂黏合剂。主要有酚醛系、脉醛系、三聚氰胺系、环氧树脂、不饱和聚酯系、聚氨酯系和聚芳香烃系黏合剂。

合成橡胶黏合剂。主要有氯丁橡胶和K橡胶等。

（3）文物表面封护剂

为了使文物长久保存，抵御各种不利环境的影响，需要对其表面进行保护。表面封护处理是在文物表面形成致密的、不受影响的表面膜来防止湿气的侵入，防止文物的进一步风化。但压力的作用使湿气从多孔结构的次表面逸出，会造成粉末化现象。所以，防水材料的基本要求是不渗透液体但具有水蒸气穿透性、化学和光化学稳定性，对保护基体呈惰性，同时还具有良好的颜色和光泽视觉效果。

许多现代封护材料除了阻挡流体的作用外，还应具有水蒸气穿透能力（透气性），这样可以减少压力带来的剥落。

合成有机高分子材料无色透明，成膜性好，有较好的黏结性、防水性、抗酸碱性，是表面封护的首选材料。随着材料科学的发展，以高分子材料作封护剂已成为趋势，新的材料不断涌现，研制新型防蚀涂层材料已成为文物保护的研究热点。

现代使用的文物表面封护剂主要是环氧树脂、有机硅树脂、聚氨酯和丙烯酸类等。具体有以下几类：

① 有机硅树脂。它是由烷基硅氧烷聚合而成的，是一种介于有机高分子材料和无机高分子材料之间的聚合物，其分子结构中含有烷基又带有硅氧链。因此，它具有高聚物的柔韧性、抗水性，又具有一般无机高分子材料的抗老化性和对水蒸气的透过性。用有机硅树脂加固封护土遗址文物具有渗透性好、结合力强、使文物内部结构更加致密的优点，因而可提高文物的整体强度、抗压强度，耐老化性好。有机硅材料因其特殊的性能而在文物保护领域得以广泛应用。

② 丙烯酸树脂。该材料渗透性较好，耐老化性好。1968年，首次在意大利用于锡耶纳大教堂的大门框雕刻的加固保护。印度蒙黛拉的太阳神庙的加固也是使用涂刷聚甲基丙烯酸甲酯的甲苯溶液来实现的。

③ 环氧树脂。具有优良的物理机械性能和电绝缘性能，且对碱性介质有优良的稳定性，还可渗入添加剂和改性剂。瑞士、美国、意大利都曾用这种材料保护文物。

④ 聚氨酯。其是以聚氨酯树脂为主要成膜物质的涂料，是多异氰酸酯与多羟基化合物聚合而形成的聚氨基甲酸酯树脂。

7.4.2 修复文物用高分子材料的选用原则

修复文物用的高分子材料要求具有耐水、耐腐蚀、强度高、加工性能优良、能以各种形态予以应用的特点。涂料、黏接剂、薄膜及塑料等各类高分子材料都已用于古文物保护及修复工作。文物的珍贵价值和艺术性，使文物保护和修复工作必须遵循“修旧如旧”“保持原貌”的原则，因此对文物保护中使用的黏接剂、涂料等高分子材料具有以下特殊的要求：

① 要求材料无色、透明、不反光，施工工艺简便。具有文物修复中所说的“可逆性”，即易于去除。

② 稳定性好，长期不发生明显老化，耐酸碱，抗污染。

③ 渗透力强，渗透的深度能保证不与表面风化层一起成片剥落。

④ 形成的防护层抗风化能力强，要有憎水和抗水性，但还要求有透气性。

⑤ 保护层有一定强度，不会因材料的收缩应力而产生微裂隙，还要求尽量耐磨蚀、强度好，要有防霉、防生物风化的性能等。总之，材料要有耐老化性，要有可靠性。

因此研究文物保护与修复用的高分子材料，必须从高分子化学、高分子物理和高分子材料应用的基础研究出发。例如文物保护用的高分子材料常采用多元共聚或多组分共混的高分子材料，或经分子设计来合成新材料才能满足有关性能要求。研制出来的材料要能真正用于文物保护，还必须从理论上和实践中反复证实它对文物保护的耐久性和无损害作用，不然就不能用于文物保护。

7.4.3 高分子材料在文物保护中的具体应用

高分子材料是文物保护中使用的一类重要的材料，在文物保护中被用作文物的加固材料、粘接材料、表面封护材料等。在文物保护中使用的高分子材料包括：天然有机高分子材料（多糖、蛋白质、蜡等）、水溶性合成树脂、溶剂型合成树脂、反应型高分子材料及高分子树脂乳液等，其在保护及修复石质文物、壁画、古建筑、博物馆藏品等方面发挥重要作用。

常用的高分子文物保护材料如下：

（1）环氧树脂

环氧树脂黏结力特别强，可以黏合各种金属和非金属材料。例如，应用环氧树脂胶黏剂可以修补、粘接断裂的石雕艺术品，残破的陶器和瓷器，以及用来加固和粘接古建筑木构件等，如图 7-20 所示，文物保护工作者选用改性环氧树脂胶修复秦始皇兵马俑。

（2）聚乙烯醇缩丁醛乙醇溶液

该材料常被用来保护古代壁画的画面和用于金属文物的表面保护，以及加固脆弱的古代纺织品等方面，效果均不错。

（3）聚乙烯醇溶液和聚醋酸乙烯醋乳液

该材料经常被用来封护古代壁画的画面层或加固、粘贴壁画的地仗层。聚醋酸乙烯醋乳液还常常被用来渗透加固古代脆弱的陶器、瓷器、骨器、角器、石器、象牙制品等。

（4）丙烯酸酯乳液

该材料用于古代壁画颜色的保护和金属文物的渗透加固，效果比较好。另外，丙烯酸醋乳液还可用来加固古文化遗址或古墓葬的地基。

（5）不饱和聚酯树脂与聚乙二醇

该材料配合无碱玻璃布做成玻璃钢代替糟朽木材，主要应用在古建筑糟朽木构件加固方面；聚乙二醇主要适用于古代饱水木器及漆器的脱水定型处理。

（6）有机硅树脂与改性有机硅材料

有机硅树脂可用于防止岩石的表面风化作用，以及用有机硅树脂来处理饱水的木器和漆器；改性有机硅材料具备良好防水、防酸碱盐、防风化、防污染、抗冻融以及耐候性、加固性和透气性，使已风化的砖质文物得到有效保护。

图 7-20　选用改性环氧树脂胶修复秦始皇兵马俑（图片来源：华商网）

附1 扫一扫·发现更多精彩

（1）微课——环氧树脂类工艺品的DIY制作

（2）微店——高分子物语

附2 参考文献

[1] 谭求．环氧树脂材料在软装配饰设计中的运用［J］．科技创新与生产力，2019，（4）：33-34．

[2] 李蓉．论纤维材料在现代装饰艺术中的创意与表现［J］．西部皮革，2021，43（17）：141-142．

[3] 阮朝辉．综合材料在装饰艺术中的使用［J］．大众文艺，2011，（6）：213．

[4] 罗子婷．谈现代装饰艺术中的材料运用［J］．当代艺术，2008，（1）：102-104．

[5] 卢杰，章萍芳．设计艺术中的材料工艺与科学创新精神［J］．江西社会科学，2006（8）：187-189．

[6] 周文俊．当涂料遇见艺术［J］．广州化工，2018，46（17）：11-12．

[7] 艺术涂料［J］．上海建材．2016，（5）：34-37．

[8] 王筱婧．艺术涂料在现代室内设计中的应用［J］．中国民族博览，2017，

（7）：168–169.

［9］夏东旭，马振利．艺术涂料与建筑装饰［M］．北京：中国建筑工业出版社，2007：1–10.

［10］乔永洛，朱军，申亮．艺术涂料的发展状况［J］．江西科技师范大学学报，2014，（6）：18–22.

［11］中国艺术涂料市场调查分析和投资风险研究报告［R］．中国调研网，2013：1–3.

［12］宋秋佳．艺术涂料——墙面饰材新选择［N］．中华建筑报，2006–11–23（7）.

［13］王荣，李玉虎，黄四平，等．浅谈有机高分子材料在文物保护中的应用及要求［J］．人类文化遗产保护，2011，（0）：20–25.

［14］周宗华．用于文物保护的高分子材料［J］．高分子通报，1991，（1）：41–47.

［15］周双林．文物保护用有机高分子材料及要求［J］．四川文物，2003，（3）：78–83.

［16］周宗华，钟安永．文物修复用粘结剂的研制［J］．化学研究与应用，1993，5（1）：101–105.

［17］王芳．有机高分子文物保护材料稳定研究［D］．西安：西北大学，2005.

附录　本书同名在线网络课程

想知道什么是高分子吗？想知道高分子在生活中有何应用吗？想去了解它、不再谈塑色变吗？来吧，这里内容丰富、精彩纷呈，有专业知识、微电影、音乐，还有可以与老师天马行空、随时随地交流的讨论区。来吧，我在这里等着你！

附录图 1–1 《高分子与生活》网络课程地址二维码

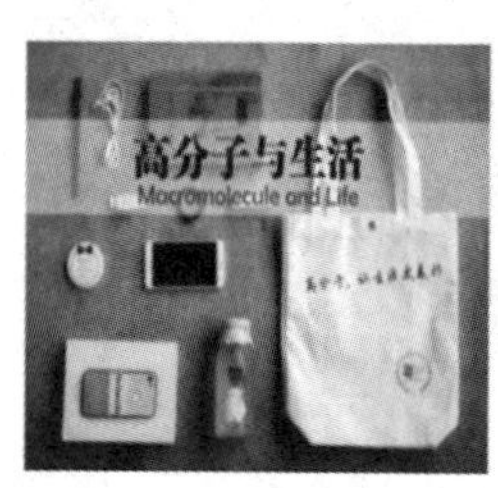

附录图 1–2 《高分子与生活》网络课程截图